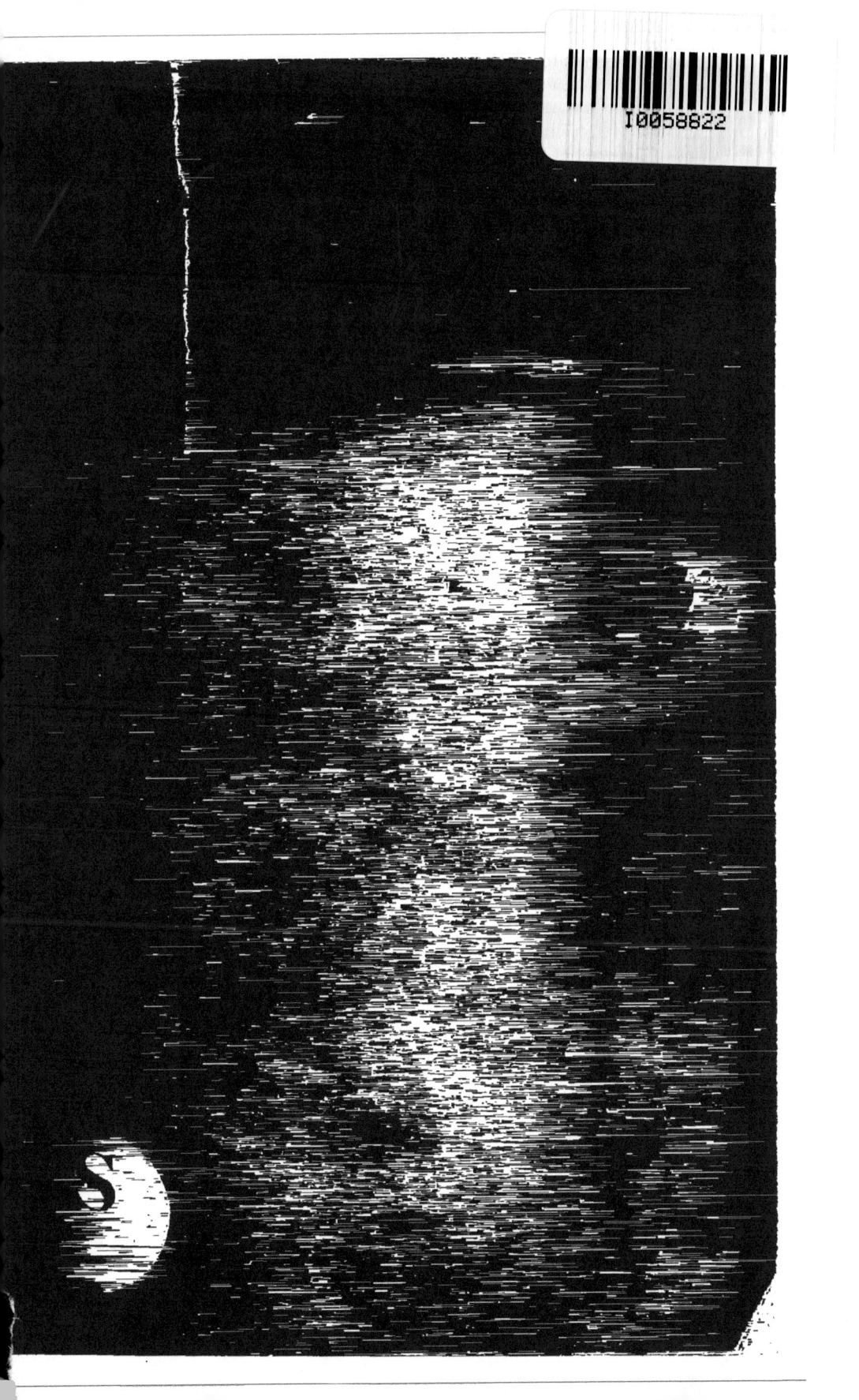

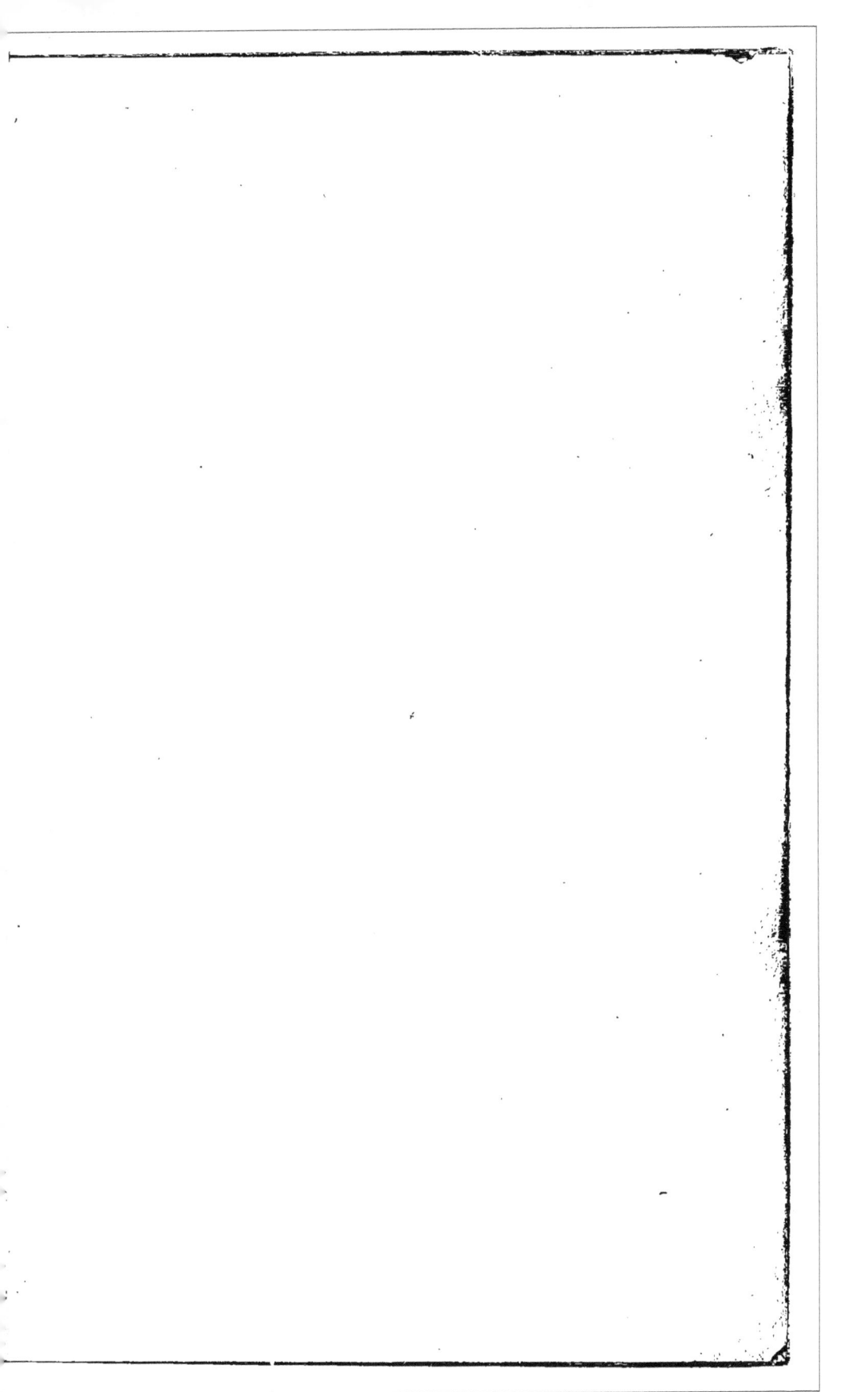

25/42

QUAND GOUVERNERA-T-ON.

AUX MINISTRES

ET, A LEUR DÉFAUT,

AUX CAPITALISTES, AUX CONGRÈS

ET

COMICES AGRICOLES;

AUX PROPRIÉTAIRES.

BANQUE FONCIÈRE OU AGRICOLE.

PAR J. K. F. CHILON.

Il y a une puissance plus grande que la puissance de n'importe quel homme, c'est la puissance de tous les hommes.

Prix : 1 franc.

PARIS,

Au Comptoir des Imprimeurs-Unis, quai Malaquais, 15,

et

Chez les principaux libraires du département.

1847.

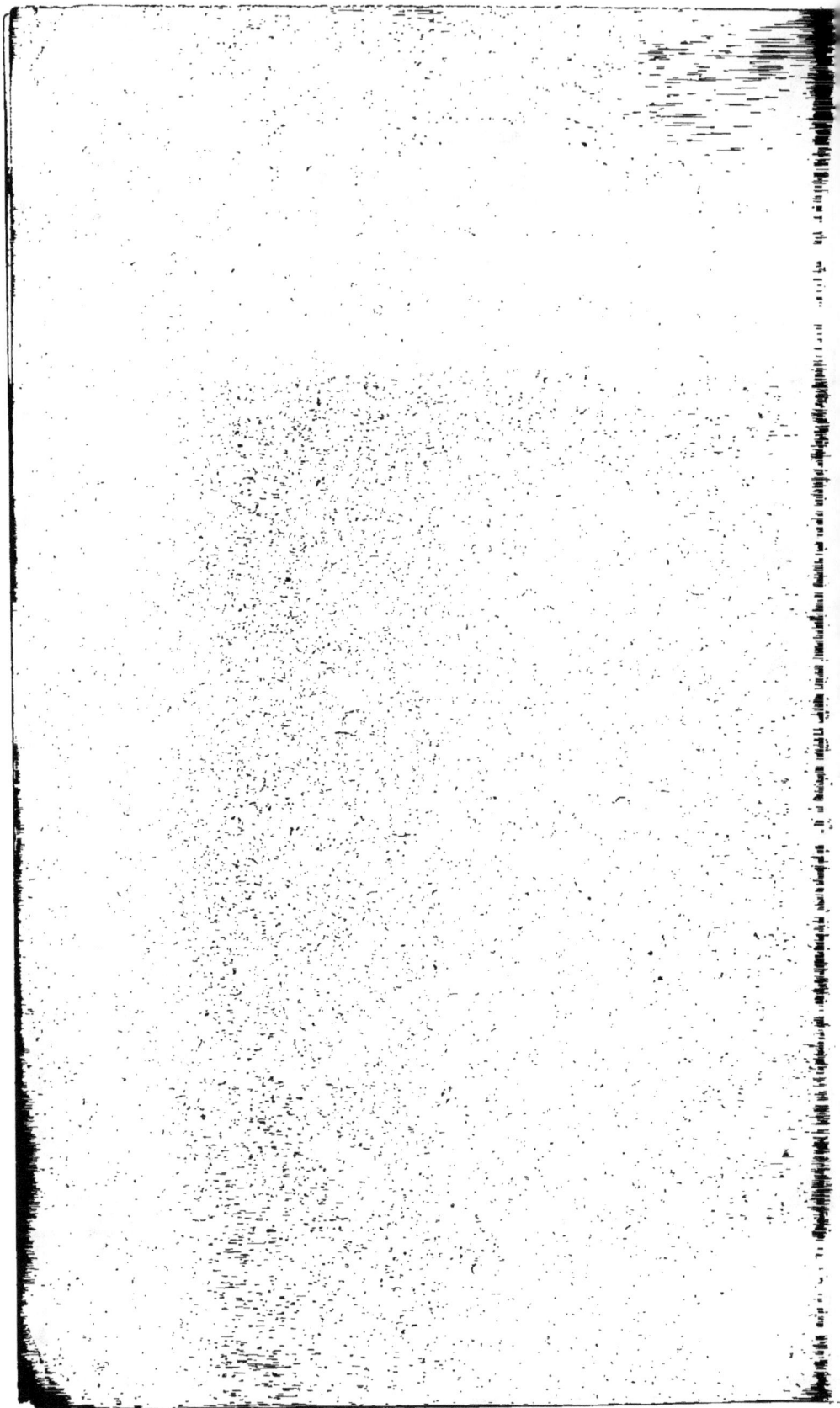

QUAND
GOUVERNERA-T-ON.

—◦◦◦◦—

AUX MINISTRES

ET, A LEUR DÉFAUT,

AUX CAPITALISTES, AUX CONGRÈS

ET

COMICES AGRICOLES,

AUX PROPRIÉTAIRES.

Par J.-R.-P. Chilon.

PARIS,

AU COMPTOIR DES IMPRIMEURS-UNIS, QUAI MALAQUAIS, 15,

et

CHEZ LES PRINCIPAUX LIBRAIRES DU DÉPARTEMENT.

—

1847.

Bᴅᴏɪs. — Imprimerie de Cʜ. Gʀᴏᴜʙᴇɴᴛᴀʟ.

DE LA SOLOGNE EN PARTICULIER

ET DE

L'AGRICULTURE EN GÉNÉRAL.

BANQUE FONCIÈRE OU AGRICOLE.

> Il y a une puissance plus grande que la puissance
> de n'importe quel homme, c'est la puissance de
> tous les hommes.

Lorsque les esprits vraiment élevés et sérieux ne peuvent voir dans les luttes politiques qui s'engagent à la surface du pays que des luttes de partis se disputant le pouvoir, et n'amenant en résumé que des substitutions de personnes, substitutions qui ne touchent en rien à la prospérité, au bien-être moral et physique de la France, il y a lieu, ce nous semble, de s'étonner que l'esprit d'ordre ne prenne pas une autre direction, et ne s'attache pas à suivre des principes d'économie et de gouvernementation réellement propres à fonder la prospérité du pays. Connaissant le vide d'une politique toute métaphysique, qui cherche à poser les bases du pouvoir sur des principes de convention incapables de rallier toutes les opinions et de les faire converger, de les réunir en un seul faisceau, nous aurons garde de toucher à ces fibres délicates d'une politique vaporeuse, dont les vibrations, suivant la main qui les touche, remuent si diversement les esprits, et sèment entre eux la discordance la plus préjudiciable à une sage administration; nous nous contenterons donc de traiter une haute question d'économie sociale et gouvernementale, d'autant plus digne, en effet, d'attirer l'attention des hommes qui ne s'arrêtent pas à discuter des théories spéculatives, lorsqu'ils savent combien la France a réellement besoin d'être gouvernée sérieusement et positivement, que les intérêts que nous envisageons ici touchent à la richesse, à la prospérité du pays, à la stabilité et à la considération du gouvernement. Est-il vrai que les gouvernements n'ont pas à répondre par des institutions, par des créations révélant la sainteté de leur mission, à ceux qui, appréciant avec vérité les hommes et les choses, demanderaient si jamais on a réellement pensé sérieusement à régir le sol, à gouverner les hommes, à diriger les forces humaines, à les appliquer avec discernement à la production, à l'agriculture?

Le premier, le plus impérieux devoir des hommes qui, dans les états, sont appelés à la direction des affaires est, suivant nous, de veiller à ce que le sol fournisse aux besoins, à l'alimentation des populations qui vivent à sa surface. Quand même nous n'aurions pas à traverser une année aussi malheureuse que celle qui s'écoule, la vérité du principe que nous posons n'en serait pas moins incontestable; mais lorsque tant et de si profondes misères pèsent si lourdement, si cruellement sur une population aussi laborieuse, aussi intelligente que la nation française; mais lorsque de si poignantes misères peuvent encore fondre sur elle, si une si triste expérience ne nous éclaire pas sur nos vrais intérêts, on voudrait en vain nier la responsabilité que pourrait faire peser un si déplorable état de choses sur ceux qui veillent et sont chargés de veiller sur les destinées de la France, s'ils continuent, par une incurie alors inconcevable, d'abandonner la propriété et l'agriculture à l'inertie dont elles sont frappées par l'insuffisance des moyens qui sont à la disposition des propriétaires et des agriculteurs. Si ceux qui tiennent en main le gouvernail des affaires savaient mieux apprécier les ressources du pays, se mettre à la hauteur du génie de la France pour la régir, pour faciliter son industrie agricole, pour la faire effectivement puissante, elle n'aurait sans doute pas de rivale au monde. Sa position topographique, son étendue, la variété de son climat, l'activité, l'industrie de ses habitants, sont autant d'éléments heureux qu'une direction habile trouverait on ne peut plus dociles à suivre une sage et prévoyante impulsion. Que penser d'un état qui dépense annuellement quinze cents millions, c'est-à-dire qui dispose annuellement de ce capital énorme, et qui cependant a été sur le point de subir la famine? Tant de ressources d'un côté, un fait si déplorable de l'autre, dénotent-ils, nous le demandons, que nous sommes bien administrés? est-ce là montrer de la prévoyance? est-ce ne point faillir à ce génie de la France, que devraient avant tout comprendre ceux pour qui la direction de ses intérêts est un sujet d'une si ardente convoitise? Gouverne-t-on donc avec économie, avec facilité, avec sécurité de conscience, lorsque des populations que la faim tourmente, que la misère inquiète et agite, par des actes coupables, mais d'un terrible enseignement, remettent en question les bases d'une société qui, sans contredit, pourrait, avec quelque conscience de ses ressources et de sa puissance, prévenir le renouvellement de scènes aussi déplorables?

Pourtant, quels déploiements de forces n'a-t-il pas fallu faire pour protéger et faire respecter la propriété et les personnes? Que l'on énumère tout ce qu'ont coûté ces marches et contremarches de piétons et de cavaliers, les dépenses dans lesquelles elles peuvent encore entraîner, jusqu'à ce que nous touchions à la récolte nouvelle, et il ressortira de cet examen que si, annuellement, on employait pour l'agriculture une partie de cette somme, dépensée en démonstrations armées, on n'aurait pas à craindre pour la propriété des attaques tentées seulement parce que la misère, la faim y poussent fatalement ceux qui ne peuvent repousser l'une et satisfaire à l'autre. En serait-il ainsi sans le déplorable abandon dans lequel on laisse le plus utile, le plus noble des arts humains, l'agriculture, cet art éminemment pacifique, moralisateur, pourquoi ne dirions-nous pas éminem-

ment gouvernemental? Et c'est cet art que la plupart des gouvernements laissent sans appui, abandonné à l'aveugle direction
du propriétaire ou du fermier.

A Dieu ne plaise que nous demandions jamais qu'on porte
atteinte au droit de propriété, qu'on restreigne la liberté du
propriétaire. Nous demandons au contraire qu'on enlève les
barrières qui empêchent que le droit de propriété ait toute son
étendue, toute son utilité particulière et publique; nous demandons qu'on rende en effet le propriétaire libre, en lui donnant réellement le pouvoir de remplir envers l'état toutes les
pressantes obligations que son droit met à sa charge. Mais lorsque les bases de la société s'appuient sur la propriété même,
lorsque la stabilité, le progrès, le bien-être moral et physique
se rattachent si immédiatement à elle, ce n'est pas trop, ce nous
semble, d'exiger d'elle qu'elle se conforme à sa destination.
Ce n'est pas non plus gêner, entraver la liberté du possesseur
du sol que de demander qu'il l'administre avec sagacité, qu'il
le régisse avec une sage économie, qu'il lui donne toutes les
améliorations que la science connaît et peut connaître et que
l'expérience a consacrées pour accroître la fécondité des terres,
et la leur donner lorsqu'elles ne la possèdent pas naturellement;
pour les assainir, pour les irriguer au besoin. Ce n'est pas lorsque d'immenses besoins se font sentir que l'homme doit
rester dans une coupable inertie. L'inertie de la société dans de
pareilles circonstances est bien plus qu'un acte répréhensible; il
est criminel, surtout lorsque l'on peut se convaincre qu'avec
la conscience de sa puissance elle pourrait dominer même les
événements qui jusqu'ici la frappent si souvent et si fortement,
sans qu'elle cherche à se montrer plus imbue de ses moyens
d'action et plus prévoyante dans leur sage et juste application.
D'ailleurs, le droit de propriété impose à celui qui en jouit des obligations qui doivent d'autant plus être remplies, que ce droit et
les obligations qu'il suppose sont en effet une base plus sacrée de
la société, et que sur elle se fondent, nous allions dire doivent se
fonder la paix, la concorde parmi les citoyens, le bien-être moral et physique, non-seulement des détenteurs du sol, mais encore de ceux dont les forces, dont les bras, dont l'industrie sont

appelés à le féconder, à le faire fructifier, à le travailler de manière qu'il satisfasse amplement, abondamment aux besoins de première nécessité de tous les citoyens, quelle que soit la hiérarchie qu'ils occupent dans la société.

Il faudrait être bien dépourvu des plus simples notions de la science agricole, et avoir de bien fausses idées de la puissance humaine, qui doit être en effet d'autant plus libre qu'elle se montre plus prévoyante, plus savante, plus providentielle, pour croire que jamais un pays comme la France, si l'agriculture y était non seulement protégée, mais encore portée où la science doit l'élever, puisse jamais craindre, non pas la disette, mais seulement une production de céréales et de bestiaux inférieure aux besoins de sa population, lors même que cette population devrait s'accroître dans une proportion qui paraîtrait aujourd'hui effrayante en face de l'incurie que l'on apporte dans l'administration du sol. Ainsi donc, d'un côté la protection, d'un autre côté la science venant en aide à notre sol, on peut croire avec toute certitude que notre population industrieuse n'aura jamais à craindre que les subsistances lui manquent, quand même les saisons seraient les plus défavorables à la réussite de ses travaux agricoles. C'est aussi à assurer les subsistances que doivent tendre tous les efforts, que doit se porter toute l'attention des hommes qui désirent à juste titre conserver la qualification d'homme d'état.

Lorsque les populations vivent dans l'abondance, elles sont habituellement faciles à gouverner; et quelles facilités trouverait à les régir un gouvernement qui s'inquiéterait assez du bien-être de tous, et assez efficacement, avec assez de zèle pour que tous sachent que le bien-être dont ils jouissent, que l'abondance, la prospérité au milieu desquelles ils vivent, ils en doivent les bienfaits à la sage administration d'un gouvernement protecteur et humain! Après les horribles scènes de désordre, de pillage suscitées par la faim, par la pénurie, la cherté des vivres, quels ne doivent pas être les regrets ressentis par tous les hommes de bien et amis de leur pays, qui peuvent acquérir la conviction que ces horribles brigandages n'auraient pas eu lieu, si depuis si long-temps on n'avait pas manifesté aussi peu de sollícitude pour l'agriculture, pour sa prospérité, pour faciliter au propriétaire l'accomplissement des impérieuses obligations qui lui sont imposées comme conséquence même du droit que la société doit lui garantir? On ne trouve pas aujourd'hui d'autres remèdes à ces poignantes et cruelles misères que l'inépuisable charité publique, et pour empêcher des misères aussi profondes de s'agiter, de s'inquiéter, on a recours à l'envoi de troupes nombreuses sur les marchés publics. C'est là, sans doute, une mesure d'ordre et que tous doivent approuver; mais ne vaudrait-il pas mieux, ne serait-il pas plus sage, plus conforme aux saines prescriptions d'une économie éclairée de prévenir ces causes de désordres que d'avoir à les comprimer? Toujours les particuliers, lorsque de grandes calamités fondent sur les sociétés, ont été conviés d'apporter des palliatifs à l'insouciance malheureusement traditionnelle de tous les gouvernements pour la question la plus vitale d'économie sociale, la question des subsistances, de l'agriculture, de la bonne administration du sol. Nous ne saurions trop le dire, l'agriculture est un art éminemment gouvernemental et, à ce titre, il a des droits à une sollicitude, à une attention toutes particulières des hommes qui gouvernent. Tant que l'agriculture, tant que la fécondation générale de la terre ne seront pas, de la part des hommes d'état, l'objet d'une protection aussi grande qu'éclairée, une lourde, une immense responsabilité pèsera sur eux. Et quels sont ceux qui oseraient l'assumer sur leur tête, sinon ceux-là qui, sans conscience de la noble mission qui leur est confiée, croient qu'ils n'obtiendraient pas le respect de tous pour la propriété et les droits de chacun si, par une saine application des vrais principes de l'économie gouvernementale, ils faisaient la fortune du pays, établissaient la prospérité, le bien-être général et l'indépendance réelle de la patrie, en la mettant à même, par cette intelligente administration de la chose publique, de pourvoir abondamment à tous ses besoins, et même de fournir des subsistances à ceux des peuples voisins qui seraient moins bien, moins paternellement gouvernés. Il faut qu'un pays soit bien déshérité, bien disgracié ou bien mal administré pour que l'industrie de ses habitants ne puisse pas pourvoir à sa subsis-

tance ; et lorsque nous parlons de subsistance, nous ne l'accep-
tons pas chétive, mauvaise, malsaine, comme l'est la nourriture
dont se repaissent, dans la plupart des états, les hommes qui auraient besoin d'en avoir une abondante, saine, fortifiante; car le
travail use, et cette usure, on ne peut la prévenir qu'en donnant
aux organes une nourriture facilement et utilement assimilable.

C'est encore une bien déplorable erreur en économie gouvernementale, que celle qui consiste à laisser s'épuiser, se détruire
les instruments du travail ; on peut même dire que ce manque-
ment aux lois d'une saine économie, est un crime, lorsque ces
instruments de la puissance humaine sont intelligents, sont des
hommes dont les bras et l'intelligence ne sont jamais inutiles
dans un état qui a la conscience de sa puissance et des ressources qu'il en peut tirer. Ils sont donc bien peu dignes de régir
une société ceux qui s'effraient de l'augmentation de l'espèce
humaine, et qui n'attachent pas à la conservation normale de
tous les membres de l'État, toute l'importance qu'elle mérite
sous le rapport de l'humanité comme sous le rapport de l'économie. Ceux-là montreraient qu'ils désespèrent du génie humain, de sa puissance ; manifester de telles craintes quand on
est à la tête d'une société, c'est avouer qu'on n'est pas digne de
la gouverner ; car, pour cela faire, il faut la comprendre, en cal-
culer les ressources, en pouvoir exercer la puissance. Quelle serait la puissance de la nation française si ses ministres voulaient
s'identifier à son génie, se l'assimiler, le comprendre, et lui faire
enfanter les merveilles que lui rendraient faciles notre position,
nos ressources, celles que la nature et la science ont mises et
peuvent mettre à notre disposition.

Nous demanderons à ceux, parmi les propriétaires, qui croiraient que leur droit de propriété serait atténué, si le gouvernement exigeait qu'elle remplît sa destination, c'est-à-dire, qu'elle
fût administrée avec sagacité, avec entente, avec économie, s'ils
remplissent eux-mêmes les obligations que leur imposent et le
droit qu'ils possèdent et la liberté dont ils jouissent en ne faisant
pas produire au sol au-delà des besoins de la population, à laquelle il doit la nourriture et les produits dont l'industrie s'em-
pare pour les transformer et les approprier aux exigences de la

civilisation, de l'association ; c'est assurément rester dans les limites d'une saine raison que de poser en principe qu'un droit ne peut pas exister sans avoir pour conséquences nécessaires des obligations aussi respectables que le droit lui-même. Quant à l'objection que l'on pourrait tirer contre nous de ce que nous posons en principe qu'un gouvernement, gardien intelligent des droits de tous, surveillant habile de l'accomplissement des devoirs et des obligations qui résultent des droits concédés, devant interposer sa haute et morale influence à la direction du territoire, porterait restriction à la liberté des propriétaires et à la plénitude du droit garanti, il est facile de reconnaître la fausseté de cette objection qui tombe d'elle-même devant les simples réflexions du bon sens le plus vulgaire ; en effet, pour ce qui concerne le droit, il périclite par l'abus ; et pour ce qui tient au droit de propriété, droit qui intéresse la société entière, il y a évidement abus lorsque la chose, sur laquelle le droit s'établit, ne prend pas, n'a pas toute sa valeur effective, toute son extension. On doit d'autant plus viser à donner au droit de propriété toute sa valeur effective, qu'il y a manque à sa destination lorsque la propriété ne fournit pas amplement à la subsistance du pays; lorsque ce fait n'est pas constant, il y a effectivement abus, et l'abus dont il s'agit ici nous paraît d'autant plus restrictif du droit, que ce droit se rattache à une chose qui, par destination naturelle et par destination sociale, est, à vrai dire, la base de toute gouvernementation ; il tient à une si grande, à une si impérieuse nécessité pour toute population quelque peu émancipée et capable de faire acte d'intelligence, qu'il y a une responsabilité grande de la part de tout pouvoir qui ne veillerait pas avec la plus scrupuleuse attention à lui donner toute sa valeur effective, c'est-à-dire, à ce qu'il n'y ait pas abus, ou à ce que la propriété soit mise, quels que soient les phénomènes météorologiques dont l'influence se fait sentir sur les productions de la terre, en état de fournir abondamment à l'alimentation des populations.

Pour ce qui regarde la liberté du détenteur du sol, nous croyons, avec raison, qu'elle n'est qu'un leurre, lorsqu'en réalité le propriétaire est dans l'impossibilité de tirer de sa terre tout le parti qu'il en doit tirer et qu'il doit, qu'il devrait en exiger, s'il était en effet libre dans sa personne et dans ses biens. En demandant qu'on fournisse aux propriétaires des moyens de rendre plus complète leur liberté d'action, de donner à leur droit toute l'extension que la société doit lui faciliter. Nous croyons donc être à couvert de toute critique de la part de ceux d'entre eux qui croiraient que nous demandons qu'on pose des limites à leur liberté ; jamais on ne nous verra appeler de nos vœux une restriction quelconque à n'importe quelle liberté vraie ; nous savons qu'elle est trop étroitement liée au progrès, trop essentielle à la moralisation des hommes, pour que notre pensée ne se soulève pas indignée contre toute tentative rétrograde qui aurait pour but d'entraver la marche, déjà si pénible, si lente des libertés humaines. Non, ce n'est pas demander une restriction à la liberté des possesseurs du sol que de s'inspirer des principes fécondants d'une prévoyante raison et de vouloir que leur droit inscrit dans nos codes, comme une attestation, écrite de main d'homme, des obligations qui en sont le corollaire et en raison duquel ils méritent au plus haut degré la vigilante protection de la force publique et de la législation, devienne, de simple fait politique, un fait de haute sagesse et d'une providentielle portée, sanctionné par une intelligente direction donnée à la chose qu'il concerne, pour que, économiquement administrée, elle offre à ses détenteurs et à ceux dont le travail et l'industrie la font fructifier, une subsistance non seulement assurée, mais même surabondante. C'est où il n'y a pas acte évident d'une haute intelligence que l'on peut dire avec vérité qu'il n'y a pas de liberté ; car alors il n'y a pas, il ne peut y avoir droit plein et entier : il ne peut avoir toute son extension. Qu'est-ce que le droit de propriété lorsqu'il est renfermé dans des limites qui ne permettent pas à celui qui en jouit d'amener son sol à produire autant qu'il peut produire, de l'approprier à des cultures qui lui pourraient être appliquées ? en sommes-nous encore, en fait de liberté, à ce *laisez faire et laisez aller* de la vieille économie politique ? Devons-nous toujours rencontrer devant nous ces limites d'une liberté impuissante ? Ce n'est pas lorsque les intérêts particuliers et généraux se confineront dans les limites d'une maxime si contraire aux vrais principes de la liberté et de l'économie sociale, que l'on fera jouir les propriétaires de tous leurs droits, qu'on leur tracera la voie qui conduit à la vraie liberté, qui fonde l'ordre et la paix, en créant, en agrandissant les diverses sphères de l'activité humaine, et en lui donnant une vivifiante direction, pour édifier, sur des bases solides, la prospérité, l'abondance, la tranquillité de l'État. Nous n'ignorons pas que le propriétaire, sous l'empire de cette impolitique maxime, peut abuser, mais peut-il réellement user de son droit? Non, car il ne peut donner à son sol le degré de fertilité dont il est susceptible ; il ne peut en tirer tous les produits qu'une culture mieux entendue, mieux combinée avec les ressources puissantes de la science, devraient lui procurer, sans nuire à son droit. N'est-il pas constant qu'il deviendrait d'autant plus respectable et respecté, d'autant plus sacré qu'en effet toutes les obligations qui en découlent, seraient plus complètement remplies.

Lorsque nuls intérêts particuliers ne sont lésés, lorsque ces intérêts sont au contraire protégés par une réglementation sagement élaborée, lorsque l'intérêt des masses, l'intérêt général, s'allie parfaitement avec l'intérêt des particuliers et la liberté à laquelle ils ont droit de prétendre, il ne faut pas craindre de gêner le propriétaire dans l'exercice de son droit, parce que, par une sage entente des moyens de culture et de fécondation du sol, parceque, par une heureuse disposition des lieux pour mettre entre ses mains tous les éléments de fécondité que la nature a créés pour être appliqués par l'homme à la production des choses nécessaires à son bien être, à la satisfaction de ses besoins naturels et sociaux, l'active action de l'état se sera sagement unie à la science, pour donner pleine et entière satisfaction aux intérêts particuliers et généraux, protégés par des mesures d'une haute et puissante prévoyance, dont nous demandons que le gouvernement de France prenne l'initiative. Ce n'est pas en appelant les citoyens à jouir des ressources dont un gouvernement éclairé peut et doit disposer dans l'intérêt du pays, que l'on peut craindre, dans la question que nous discutons, une limitation du droit et de la liberté des citoyens ; c'est, au contraire, combiner leurs intérêts particuliers avec l'intérêt général, c'est associer leur puissance d'action individuelle à la puissance d'action de l'État. L'intérêt de ce dernier est bien évidemment engagé dans la question dont il s'agit; car il lui importe grandement que le droit du propriétaire ne périclite pas et que les obligations qu'il impose aient leur effet entier ; par la raison même que le droit de propriété est sacré, qu'il est la base et la sauvegarde de la société, il ne comporte pas d'abus; il exige impérieusement que les obligations qu'il présuppose soient exactement acquittées : nous demandons si ces obligations sont remplies, lorsque nous pouvons regarder comme certain que sur vingt-quatre millions environ d'hectares de terres arables en France, il y en a à peine dix-huit millions de cultivés. Et encore comment le sont-ils ? Le tiers seulement de cette dernière quantité est ensemencé en blés et seigles ; un autre tiers reçoit des avoines, des orges, des pommes de terre, des prairies artificielles, des légumes ; l'autre tiers reste en jachère. Et si l'on fait attention que la culture pratiquée sur ces dix-huit millions d'hectares (car plus de six millions restent incultes et improductives) est très-imparfaite, mal entendue, dirigée sans ensemble, sans connaissance, sans prévoyance et comme au hasard, on pourra juger combien cet état de choses est nuisible, non seulement aux intérêts des propriétaires, mais aussi aux intérêts de la population et de l'État. Le droit de propriété n'est-il donc pas sensiblement affecté par une culture si inconsidérée, et surtout par l'absence de toute culture sur un quart du sol arable, par une culture improductive faite sur un autre quart que l'on prépare d'une manière si peu judicieuse à recevoir à l'automne les semailles des blés et seigles.

Ce sont des faits qui s'éloignent si peu de l'exactitude, qu'on peut les admettre comme certains, autant du moins que le donnent à juger les statistiques fournies à ce sujet. Ils prouvent incontestablement que d'un côté le droit de propriété est très-incomplétement, très-imparfaitement exercé ; mais ce droit si mal exercé qu'il soit, n'aurait point été l'objet de notre critique toute dans l'intérêt des propriétaires et de la stabilité sociale, du bien-être général, si nous n'avions pas sous les yeux la statistique du sol arable que nous venons d'exposer, et qui démontre jusqu'où va l'incurie humaine en fait d'application rationnelle des vrais principes de l'économie générale et particulière, et si une si inconcevable incurie n'exposait pas les populations, comme dans l'année malheureuse en laquelle nous vivons, à souffrir si cruellement, sinon de la disette des subsistances, au moins de leur rareté qui les fait monter à un prix tellement élevé que la plus effroyable misère s'attachera encore pour plusieurs années, à ceux qui déjà ont eu tant à souffrir, lors même que la récolte que l'on attend serait des plus abondantes. Et quelle serait la déplorable position de la France, avec une récolte aussi exiguë que celle de 1846, si nous avions trouvé les mers fermées; si nous avions été en guerre avec nos voisins? Y aurait-il assez de bayonnettes pour opposer, nous ne dirons pas à nos ennemis, mais pour empêcher le pillage, la dévastation, l'incendie? Car la faim ne respecte rien. Il faut manger ou périr. Mais celui qui a faim, avant de se décider à mourir, conseillé par le besoin qui le torture, qui l'excite, qui l'irrite, veut repousser la mort qui l'assiége, les tortures, les douleurs qui la lui rendent horrible : et lorsqu'il en est venu à ce moment suprême, solennel, où il se trouve suspendu entre la vie et la mort (et quelle vie! et quelle mort!) L'homme n'a plus d'intelligence, de raison : il est sans oreilles, il est inaccessible à tout autre sentiment qu'au sentiment, qu'à l'instinct de sa conservation : alors ce n'est plus un homme; c'est un tigre qui cherche une proie sous l'influence des affreux tiraillements d'un estomac vide depuis longtemps; c'est une furie qui, poussé par le génie du mal, marche la torche à la main, s'anime à la lueur des incendies allumés par elle; sourit d'un rire affreux à la vue des dévastations qu'elle commet, des décombres qu'elle entasse sur son passage. C'est horrible, sans doute : c'est navrant; le cœur se déchire à la simple prévision d'une semblable profanation. Quels doivent être les sentimens qu'inspirent de pareils faits, lorsqu'ils se sont produits, lorsqu'ils peuvent encore se produire. Ce n'est point sans raison aussi que Dieu a mis au cœur de tous les êtres animés, cet impérieux, cet irrésistible sentiment de la conservation. Ce n'est pas en vain non plus, ce n'est pas sans danger, qu'une société négligera d'assurer satisfaction à ce sentiment de conservation, à ce sentiment de la vie qui vient de trop haut, pour qu'il ne soit pas le principe d'un droit que doit respecter et garantir toute société qui veut que sa législation divine, que son droit ne soit pas en contradiction avec le droit divin. Dans le cœur des créatures, ce code a été formulé par des sentimens dont la portée ne doit pas manquer d'être étudiée, appréciée par les législateurs. La puissance divine qui se manifeste si hautement, doit toujours être consultée par eux, parce que ses providentiels enseignements, prenant corps dans nos lois, n'offrent plus aux hommes, chargés de les faire exécuter, les difficultés sans nombre qu'ils rencontrent dans l'accomplissement de leurs devoirs, comme gouvernants. Nous dirons donc qu'une société qui n'est pas en mesure de donner toute garantie au droit de vivre, droit qui procède de la création même, ou de Dieu, ne fait pas acte d'intelligence, ne met pas en œuvre sa puissance d'action, ne se montre pas prévoyante, ne sait pas quels sont ses droits et ses devoirs.

Si ce droit repose sur un sentiment si naturel que nous tenons de la suprême intelligence, faut-il s'étonner qu'une irritabilité si vive pénètre les esprits, lorsque, par son imprudente imprévoyance, par sa fatale incurie, la société n'a pas pourvu aux nécessités impérieuses, aux obligations sérieuses que lui impose ce droit naturel de l'homme. Ceux qui gouvernent ne doivent jamais oublier qu'ils sont les guides, qu'ils doivent être, en quelque sorte l'intelligence, la providence bienfaisante de la société, dont la direction leur est confiée. Cette mission, qui comporte des devoirs si grands, si sacrés, n'oblige-t-elle pas de veiller aux droits de tous et de chacun? Et quel droit plus saint, plus inviolable que celui-là qui précède tous les autres droits; que celui-là même d'où procèdent tous ceux que nous trouvons inscrits dans nos codes? Quelle sollicitude constante, de tous les moments devraient apporter les gouvernements à remplir un devoir aussi impérieux que celui que leur impose la société elle-même, qui, dans la garantie du droit de vivre pour chacun, trouverait tant de solides raisons d'ordre, de stabilité, de bien-être, de moralité, toutes choses qui, sans nul doute, ne dépendent

pas d'une plus ou moins grande adjonction de capacités électo-
rales aux capacités actuelle, mais bien d'utiles créations, d'une
sage administration de la chose publique, d'une protection éclairée, sage, véritablement économique accordée au premier, au
plus utile des arts humains, à l'agriculture. Il y a de grands actes
qui, s'ils étaient conçus et exécutés par les gouvernements, feraient
plus pour l'ordre, pour la paix, pour l'harmonie parmi les citoyens, pour obtenir leur obéissance, leur dévouement, que toutes
les mesures législatives qui, si rarement, satisfont à tous les intérêts, à tous les droits. Parmi ces droits qu'il importe tant de
respecter, de protéger, de sauve-garder, en est-il un qui marche le rival du droit de vivre et de bien vivre, inhérent à l'existence même de la plus parfaite créature, de l'homme enfin, qui,
d'une prévoyante, d'une paternelle protection accordée aux intérêts de tous, attend sa délivrance de toutes les incertitudes
que fait naître l'imprévu dans tous les états politiques? Lorsque,
avec la fausse direction que prend la propriété, on ne récolte pas
en France, par les années les plus abondantes, de quoi subvenir aux besoins de son alimentation, est-il donc si difficile de
prévoir que, lorsque les saisons sont contraires à l'heureuse
réussite des moissons, nous sommes loin de récolter de quoi
nous nourrir? En serait-il ainsi si l'on facilitait aux propriétaires, aux cultivateurs, les moyens d'imprimer à leurs efforts une
impulsion plus intelligente, si l'État unissait sa puissance d'action à l'action des particuliers? Sans doute que la suprême intelligence, qui régit et gouverne l'univers dans un intérêt général,
peut, de temps à autre, faire naître des circonstances défavorables aux produits de la terre, à la réussite complète des travaux agricoles d'une contrée, d'un royaume. Mais est-il impossible de dominer ces événements? La société n'a-t-elle pas assez
de ressources à sa disposition, pour espérer de n'être jamais
prise au dépourvu, lorsque ces imposants phénomènes de la
gouvernementation divine viennent exercer leur influence délé-
tère sur nos travaux agricoles? La statistique des terres arables
en France et le mode de culture qu'elles reçoivent, l'insigni-
fiante protection dont jouit l'agriculture doivent éclairer ces
questions et faire avouer que lorsque notre société est exposée

à manquer de vivres ou à n'en avoir pas en quantité suffisante, c'est qu'elle ne connaît pas et qu'elle ne sait pas utiliser toutes ses ressources pour se mettre à l'abri des calamités qui peuvent fondre sur elle, et il ne convient plus de les attribuer aux effets désastreux des grands phénomènes qui découlent de la direction imprimée à l'action réciproque de tous les êtres dans l'univers, mais bien à notre négligence, à notre incurie, à l'inertie que nous montrons pour accomplir des actes révélateurs d'une puissance réellement intelligente et prévoyante.

C'est à prévoir et à maîtriser ces phénomènes de la gouvernementation divine, et à ne pas se laisser prendre au dépourvu lorsqu'ils apparaissent avec leur influence pernicieuse, que doivent tendre tous les efforts éclairés de la puissance humaine ; et ceux qui la représentent, s'ils se pénétraient bien de leur noble et imposante mission, ne pourraient-ils pas, inspirés par le génie de l'humanité, arriver à se faire regarder comme une seconde providence, veillant effectivement à ce que les créatures humaines, dont les destinées leur sont confiées, n'aient jamais rien à redouter de ces admirables lois par lesquelles le monde est gouverné : elles ne sont, pour une contrée, pour un royaume, des causes compromettantes de la prospérité publique que parce que la société néglige d'augmenter son bien-être et de l'assurer en prêtant son concours aux particuliers pour obtenir le leur.

Il y a, dans les calamités qui affligent si souvent l'humanité, une lourde, une bien réelle solidarité ; et lorsque l'on pense aux désordres qui naissent dans un état lorsque ses subsistances ne sont pas abondantes et assurées, on ne peut s'empêcher de gémir en voyant le peu de soin que l'on prend pour élever les ressources au moins au niveau des besoins. Cependant ce serait couper le mal dans sa racine, ce serait le prévenir, ce serait détruire cette espèce de solidarité pour le mal qui existe entre tous les membres des corps politiques et fonder leur solidarité pour le bien ; œuvre d'imposante sagesse et de féconde morale, bien digne de fixer l'attention des législateurs consciencieux et éclairés. Il serait temps qu'une habile direction imprimée aux intérêts généraux et particuliers établît, entre les hommes, gouver-

2

nants et gouvernés, une solidarité réellement morale en ce sens, que l'administration, la protection éclairées des uns, le travail productif, l'industrie fructueuse des autres se prêtant un mutuel secours, un mutuel appui, nous montreraient enfin, s'il en était ainsi, que, dans le corps social comme dans le corps humain, l'intelligence et ses organes, la puissance et ses instruments, ce noble, ce sublime symbole de l'unité humaine, concourent unitairement à l'accomplissement des destinées de la société, comme ils président chez l'homme, chez l'individu à ses destinées individuelles. Mais, d'un autre côté, quelle impuissance chez l'homme, malgré son intelligence, malgré sa brillante, sa parfaite organisation! quelle puissance, d'un autre côté, dans une société qui, animée des mêmes principes, l'intelligence et ses instruments d'action, saurait les faire concourir ainsi à la consolidation de l'ordre, de la paix, du bien-être, du progrès! Que les uns nous parlent de liberté, lorsque la misère et son hideux cortége sévissent avec âpreté contre la majeure partie des populations ; que les autres nous parlent de morale, lorsque cette même société laisse implorer la pitié publique pour amoindrir, par l'aumône, les déplorables effets de son imprévoyance et de son impuissance, nous ne pourrons croire ni à l'une ni à l'autre. La liberté ne naît pas là ou le désordre a toujours des éléments en fermentation ; la morale ne peut poindre, apparaître dans tout son lustre là où l'on respecte assez peu les hommes pour demander à la pitié, à la commisération de quelques-uns, à l'aumône, en un mot, quelque moyen de subvenir misérablement aux pressants besoins de la vie des autres, au lieu de trouver dans l'intelligence, dans le cœur, dans les bras de tous les moyens de faire vivre les hommes dans l'abondance, de les porter à remplir dignement, noblement dans la société la mission que le Créateur leur a confiée, en les douant de toutes les capacités, de toutes les facultés sous le rapport de l'intelligence, de toutes les qualités, de toutes les passions, sous le rapport de leur organisme, propres à fonder et à établir sur des bases solides l'harmonie morale et physique , si essentielles à l'accomplissement des destinées des hommes, appelés à vivre en société.

Il est dans l'ordre des choses humaines des principes, desquels ne doit point s'écarter une société qui ne veut pas sombrer au milieu des tourmentes les plus horribles. N'est-il donc point de principes à suivre, de conditions à remplir pour instituer l'harmonie sociale après laquelle aspire l'humanité sans l'atteindre, sans en pouvoir goûter les heureux fruits. Parmi ces conditions imposées par la raison même aux sociétés, pour l'établissement et la consolidation de l'ordre moral et physique, en est-il une qui mérite plus d'être exécutée que celle qui consiste à garantir à chacun de ses membres, non pas une existence précaire, incertaine, saccadée, mais une existence honorable, utile, créatrice, dont l'intelligence et les bras des hommes sauraient produire les éléments, les assimiler, si nous pouvons ainsi dire, à la société, si celle-ci, par une intelligente compréhension de ses droits et de ses devoirs, savait elle-même, par un saint respect pour le droit naturel de chacun, imposer à tous le respect que tout homme voue, on dirait involontairement, à toutes institutions utiles, à tout ce qui porte le vrai cachet d'une grande conception, à tout ce qui révèle évidemment quelque chose de providentiel. Notre société révèle-t-elle en toutes choses qu'elle a la conscience, l'intelligence des destinées humaines, lorsque si souvent la vie des hommes, par suite de son insouciance, de son indifférence pour ce qui regarde la sage administration du sol, est soumise à tant d'incertitudes, à de si grandes appréhensions, chaque fois que les influences climatériques les plus favorables ne préviennent pas les effets désastreux d'une gouvernementation qui ne met pas en pratique les principes d'une prudente, d'une humaine économie.

Ceux qui sont à la tête des nations et qui sont réellement animés par un pur amour de l'humanité doivent avoir la conscience de leur mission, et si cette conscience les inspire, les guide, quelle affaire plus grande pour eux que la fertilisation, que la fécondation du sol, que la bonne, que l'intelligente organisation de l'agriculture? de quelle sollicitude ils doivent être préoccupés pour les intérêts agricoles ! quelle puissance d'action ils doivent communiquer à l'agriculture, à cet art, nous voudrions pouvoir dire à cette science, dont les premiers hommes, dans leur profond respect pour elle, se faisaient enseigner les premiers éléments par des dieux! Mais laissons de côté la mythologie ancienne, avec tous ses emblêmes, sous lesquels elle nous présentait l'acte du Créateur enfantant les merveilles de la multiplication des êtres utiles à la satisfaction des besoins des hommes, et arrivons à faire connaître nos vues sur une question d'une importance telle que, non-seulement elle touche immédiatement aux principes de l'ordre matériel, du bien-être dans la société, mais aussi à la morale, aux progrès intellectuels, à l'émancipation future de l'humanité; car c'est vraiment procéder à son émancipation, aux développements de ses libertés, que de la faire assez puissante, assez prévoyante pour qu'elle n'ait plus à redouter ces coups de la fatalité qui frappent si souvents les états dans leurs plus chers intérêts, lorsqu'ils négligent les moyens les plus efficaces de leur donner satisfaction. Par une saine, par une logique application de sa puissance, la société ne peut-elle s'élever jusqu'à dominer ces intempéries, ces phénomènes météorologiques qui, dans l'état actuel des choses, compromettent son existence, et qui, lorsqu'ils sévissent sur une contrée, sont les raisons de si vives inquiétudes? Ce n'est pas là une lutte de l'homme contre Dieu, mais c'est bien l'homme usant de son intelligence pour prévoir, régir, gouverner, user avec sagacité des éléments de production que Dieu lui a livrés pour qu'il les approprie à ses usages, pour forcer la nature à lui donner en abondance de quoi subvenir à ses besoins naturels et artificiels. La société a ses exigences croissantes. Mais il n'est pas à dire que la nature ne peut pas être plus efficacement explorée; que, mieux étudiée, elle ne se soumettra pas plus complétement à la puissance d'action dont peut disposer une société vraiment intelligente.

Avant d'entrer en matière, nous avons cru devoir faire précéder ce que nous avons à dire sur les questions d'économie sociale que nous avons à examiner, des quelques réflexions que nous venons d'exposer, afin de faire comprendre combien elle nous a paru importante par cela même qu'elle a trait à la base même de l'édifice social. La stabilité des institutions humaines dépend incontestablement de la sage administration du sol. Quels sont ceux, en effet, qui pourraient prévoir ce qu'il adviendrait de deux années consécutives qui, pour la France, offriraient la même pénurie de subsistances que l'année que nous avons à passer? Et si elles se présentaient qui pourrait empêcher l'ébranlement, peut-être même le renversement de nos institutions? C'est donc au nom de la stabilité de nos institutions que notre voix se fait entendre; c'est au nom de l'humanité. Puisse donc cette voix être entendue de ceux auxquels elle s'adresse; ils ont, à n'y pas rester sourds, un intérêt aussi grand que ceux là qui souffrent si cruellement de l'insouciance traditionnelle des gouvernements pour les intérêts matériels des nations. Ne laissons pas le droit de propriété perdre de son extension, de sa valeur par une coupable négligence apportée à la régularisation, à l'organisation de l'agriculture, cette source morale de la richesse des Etats.

Bien que nous ne touchions cette question d'avenir, que dans les intérêts particuliers d'une province que nous avons étudiée, nous traitons par le fait une question d'intérêt général, et qui peut avoir une application aux autres provinces sous divers points de vue, également liés aux intérêts particuliers et généraux. La Sologne, située au centre de la France, présente aux yeux l'aspect le plus morne, le plus triste; on dirait une terre maudite, frappée à tout jamais de stérilité, refusant aux laboureurs une juste rémunération de leurs travaux et de leurs sueurs; et cette terre, cependant, dont l'aspect fait naître tant de répulsion chez ceux qui ne la voient qu'en passant, cette terre contre laquelle tant de préventions s'élèvent, pourrait devenir un second jardin de la France, et acquérir, au moyen des amendements qu'elle réclame impérieusement, une fertilité que sont loin de soupçonner ceux qui ne la connaissent que superficiellement, ceux dont l'œil inattentif se promène attristé sur les landes immenses qui la couvrent; ceux-là même qui y possèdent des propriétés d'une étendue immense sont loin de savoir apprécier l'avenir d'une terre qui, aujourd'hui, leur offre des revenus si minimes, si exigus. Il faut le dire, pourtant, quelques propriétaires plus éclairés, mieux inspirés que les autres ont fait d'heureuses expériences, dont la réussite parfaite peut à la fois servir d'exemple et d'encouragement, d'excitement à suivre les mêmes procédés de culture, à donner à la terre les amendements qu'elle réclame pour acquérir la fécondité.

Parmi ces amendements que réclame impérieusement le sol de la Sologne, on peut citer en première ligne les assainissements. Un propriétaire peut bien les pratiquer dans quelque parties de sa propriété ; mais il est rare qu'il les puisse faire sur sa propriété entière ; le même système n'est pas suivi par le voisin ; celui-ci n'a pas la même volonté : souvent elle est contraire ; ou bien il ne fait rien par insouciance, par impuissance quelquefois, ensuite, parce que l'exiguité de ses revenus sur lesquels il compte pour vivre dans une triste inaction, ne lui permet pas d'entreprendre ces travaux d'assainissements qui seraient sans doute, s'ils étaient, s'ils pouvaient être bien faits par des individus, une grande amélioration pour la propriété en Sologne ; mais ils ne sont pas suffisants pour la fertilisation du sol.

L'assainissement de la Sologne, dont l'importance ne peut être contestée par tous ceux qui la connaissent, offre des difficultés d'exécution qui tiennent au manque d'entente entre les propriétaires et souvent aussi parce que les produits de la terre sont trop minimes, pour que ces propriétaires, avec leurs ressources particulières, puissent entreprendre et exécuter les travaux nécessaires ; mais ces difficultés ne sont point insurmontables ; c'est alors que l'action de l'État devient nécessaire et la législation peut applanir les difficultés en ce qui concerne les obligations à imposer aux propriétaires dans leur intérêt particulier et dans l'intérêt général ; il y aurait urgence, nécessité de creuser sur plusieurs points de la Sologne des canaux pour rassembler les eaux qui sont stagnantes à la surface du sol ; s'ils étaient bien conçus, bien combinés, ils deviendraient autant d'artères qui porteraient la vie, la fécondité, l'animation sur une terre aujourd'hui stérile, dénudée et du plus sombre aspect ; ils serviraient, s'ils étaient tracés comme l'exigent les divers points de vue de leur utilité, s'ils rayonnaient du centre à la circonférence de la contrée, aux transports économiques des marnes, ensuite, à un système général d'irrigation qui sera de la plus grande utilité pour le pays lorsque le marnage des

terres aura eu lieu. Nous laissons de côté l'incontestable avan-
tage des irrigations en Sologne, parce qu'elles ne deviennent
effectivement nécessaires qu'après que l'on aura régénéré la
Sologne par les défrichements et ensuite par le marnage de ces
défrichements et des terres aujourd'hui cultivées, auxquelles il
ne manque que cet amendement pour acquérir un haut degré
de fertilité ; ensuite, par des engrais abondants, comme dans
les pays de bonne culture, et par des assolements judicieux, bien
entendus. On ferait alors de cette contrée, non plus un vaste et
triste désert, mais l'une des provinces de France où la culture
serait des plus faciles, des plus productives ; les terres se prête-
raient merveilleusement aux semis les plus variés, comme dans
les pays aujourd'hui réputés les plus fertiles et les plus favorisés,
et particulièrement à la création de prairies, aux plantations
du houblon, du colza, des œillettes, etc.

Nous voyons que tous les ans, parmi les élèves qui sortent de
l'Ecole Polytechnique, un grand nombre ne peut pas trouver,
dans les diverses branches de l'administration publique, un emploi que l'Etat semble cependant leur garantir, en les admet-
tant à cette école destinée particulièrement à former des ingénieurs. Quelques-uns de ces jeunes gens ne pourraient-ils
recevoir une destination bien évidemment utile, si on les char-
geait de faire les études propres à opérer les assainissements
dans de nombreuses provinces de France, où des eaux stagnantes, où des marais sèment des germes de maladie, en même
temps qu'ils nuisent essentiellement à la culture et à la production ; et si en même temps qu'ils feraient ces études on
leur donnait mission de diriger et de faire exécuter ces travaux
d'urgence, ces travaux d'assainissements. Dans ces localités, il
conviendrait de combiner les canaux d'écoulement des eaux de
telle sorte que l'assainissement opéré, ils puissent aussi servir
aux transports des matières propres à la fécondation de la
terre (1), et ensuite aux irrigations, dans les saisons où elles

(1) Ces mêmes canaux peuvent servir à des transports de marchandises ; il serait perçu sur ces marchandises des droits de navigation, qui pourraient être appliqués à la rémunération des ingénieurs,
et aux réparations des canaux. Les amendements et engrais pour la
terre devant être transportés en franchise.

deviendraient un si puissant secours pour la fertilisation du sol et la multiplication des récoltes. Mais pour que cette œuvre soit réellement grande, pour qu'elle soit digne d'un pays qui, comme tous les pays où l'on a quelque idée de la gouvernementation, tend à l'unité, elle ne doit pas se concentrer dans une seule province : mais se ramifier, s'étendre par une combinaison heureuse sur tout le territoire. Par de tels travaux une génération qui s'écoule, qui passe, laisse aux générations qui lui succèdent, une haute et profonde opinion de son génie, de sa puissance intellectuelle, de sa puissance créatrice : et c'est alors que par sa providentielle action, elle lègue à l'avenir des ressources immenses pour qu'il continue et agrandisse l'œuvre sublime d'où dépend la vraie rédemption du genre humain. Faisons donc des vœux pour que notre époque comprenne ainsi ce qu'elle se doit à elle-même et ce qu'elle doit à l'avenir, pour qu'elle manifeste ainsi sa puissance, en posant les jalons qui doivent éclairer les hommes sur les vrais principes de la tranquillité, de l'ordre, du bien-être, de la morale. C'est par de tels travaux, par des travaux qui doivent accroître les ressources de la société, enrichir le pays, fertiliser le sol, qu'une nation marche réellement et sûrement vers la réalisation de ses destinées, vers l'établissement et la consolidation de l'ordre moral et matériel ; c'est enfin la vraie voie pour arriver à l'affranchissement positif, aux libertés vraies des populations qui savent appliquer leur puissance à moraliser par le travail et par le bien-être général qui l'accompagne. Mais jusqu'ici leur inintelligente activité ne s'est montrée que par des travaux partiels, manquant d'ensemble. Ce sont des éléments sans doute qu'il ne faut pas négliger et qu'il faut respecter : car, si on ne peut pas espérer de grandes choses d'un travail auquel préside un seul individu, agissant dans les limites étroites de son intérêt particulier, il ne faut pas croire à l'inefficacité d'une haute pensée gouvernementale qui, s'élevant au-dessus des intérêts particuliers, leur prêterait l'intelligent concours de sa puissance, pour obtenir par les particuliers l'accomplissement de ces grands travaux, frappés au coin du vrai génie et portant le caractère de cette puissante unité de direction dont on parle tant, sans que les hommes en ressentent la vivifiante influence : ce qui nous porte à croire que l'on est loin d'avoir une idée vraie de cette unité gouvernementale.

Malgré que nous ne veuillons point nous arrêter à la question, si utile cependant, des irrigations, elle se lie si intimement à la régénération de la Sologne, régénération que l'on ne peut obtenir que par l'assainissement et le marnage des terres, qu'il est impossible qu'on réussisse réellement à fertiliser le sol sans s'occuper d'y tracer des canaux pour recevoir les eaux pluviales qui, faute d'écoulement et par le fait d'une couche épaisse d'argile recouverte d'une terre végétale très-variable dans son épaisseur et sa composition, sont stagnantes à la surface, ou s'écoulent dans de nombreux étangs qui sont, pour la Sologne, pendant l'été et à l'automne, causes d'une infinité de fièvres. Dans les localités où elles existent en grand nombre, il est peu d'habitants qui ne soient atteints de cette maladie. Nous connaissons des communes où la moitié du sol est occupée par l'eau endiguée de la manière la plus favorable pour nuire à la santé des habitants, et détruire chez eux toute l'énergie dont ils auraient cependant besoin, le gouvernement aidant, pour vaincre toutes ces causes qui produisent la stérilité du sol et cet état maladif que la plupart des habitants portent empreint dans leur constitution, là surtout où sont en plus grand nombre ces retenues d'eau connues sous le nom d'étangs. Nous demandons donc d'abord l'assainissement de la Sologne au moyen d'un système bien entendu de canaux. Nous demandons ensuite la canalisation de la Sologne, pour mettre à sa portée et en quantité suffisante les marnes qui lui sont indispensables pour y faire fructifier toute espèce de culture. En troisième lieu, ce même établissement de canaux devra servir aux irrigations. Nous dirons plus loin quels moyens il convient d'employer pour la canalisation, pour le défrichement des landes de Sologne, pour le marnage de ces terres à défricher et des terres livrées actuellement à une improductive culture.

La Sologne est destinée, par la nature de son sol, qui n'est point ingrat, comme le pensent généralement ceux qui en parlent pour l'avoir vue en passant, et par sa position géographique, par la variété infinie de cultures auxquelles elle se prêtera avec de grands avantages, lorsque l'on aura fait pour elle ce qu'elle exige, la Sologne, disons-nous, est destinée à devenir une province de France aussi fertile qu'elle est aujourd'hui stérile; cette stérilité a pour raison l'absence de l'amendement indispensable, de la marne; cet éloignement des principes qui manquent à la fécondation du sol, les met à un prix trop élevé pour que les propriétaires, pour les raisons que nous avons mentionnées plus haut, puissent les acheter, et faire sur l'étendue démesurée de leurs fermes des améliorations qu'on ne peut guère évaluer, en bien des localités, au-dessous du prix vénal de la propriété elle-même, comme on pourra s'en convaincre par les chiffres que nous posons pour justifier ce que nous avançons.

Parmi les amendements que réclame la Sologne, nous mettons donc en première ligne la marne; le transport de cet amendement est très dispendieux pour le faire arriver vers le centre de la contrée, et il ne peut y être conduit en quantité très-insuffisantes, que sur les abords des grandes routes. Pour effectuer économiquement et en quantité suffisante le transport de cette matière encombrante, lourde, et pourtant de première nécessité pour cultiver avec des avantages importants le sol de la Sologne, il conviendrait donc qu'un point fût choisi vers le centre et qui de là rayonnassent dans toute son étendue jusqu'à ses limites, toutes abondamment pourvues de marne que l'on y trouve presque à la surface du sol, plusieurs canaux ayant pour but, avons-nous dit, premièrement l'assainissement, ensuite le transport des marnes dans toutes les directions; ces points divers d'intérêts qu'offre la canalisation en Sologne ne doivent point être perdus de vue, et l'on doit les mettre au premier rang parmi les améliorations d'où dépendent la fertilisation de la terre et l'amélioration physique et morale de ses habitants. Tous les canaux venant, des extrémités, aboutir à un point central, distribueraient, dans leur parcours, les marnes extraites à la circonférence; des dépôts seraient faits de distance en distance, sur des points rapprochés, pour éviter autant que possible les frais de transport, toujours coûteux lorsqu'il se fait

par des voies de communication point ou mal entretenues, com.
me elles le sont assez généralement partout et particulièrement
en Sologne où tout se ressent du long abandon dans lequel on
la laisse croupir, et de l'incurie très-explicable, très-concevable
cependant dans un pays peu peuplé et dont les habitants retirent
si peu de fruits de leurs travaux, et se font de si faibles revenus
avec des propriétés d'une vaste étendue. Ce ne sont pas là assurément des raisons propres à exciter l'industrie et l'activité.

Lorsque l'on est à même de juger quelle est la torpeur, le
manque d'énergie dans lesquels vivent la plupart des habitants
de la Sologne, et lorsque l'on peut apprécier avec quels faibles
secours on pourrait en féconder le sol et arracher ses habitants
à leur engourdissement chronique, c'est alors que l'on se prend
à condamner avec juste raison les négligences que montrent les
hommes d'état pour des intérêts aussi majeurs ; cette négligence
est assurément aussi impolitique qu'anti-économique ; car, lorsque l'on peut accroître le bien-être, la fortune, les ressources
non seulement des classes laborieuses, mais aussi, par la fertilisation du sol, la richesse des propriétaires, il ne convient plus
de négliger les moyens d'atteindre ces résultats, et dussent les
mesures à prendre pour obtenir ces résultats heureux, imposer
à l'État des charges assez fortes, nous ne balancerions pas à dire
qu'il devrait cependant les prendre et les mettre a exécution.
Mais quelles raisons pourrait-il alléguer pour en différer l'exécution, si elles peuvent avoir leurs effets, si on peut en même
temps sauvegarder les intérêts de l'État et ceux des particuliers
sans qu'il en résulte pour lui aucun sacrifice ; il ne faut point
oublier qu'il s'agit ici des intérêts des classes infimes, des tra-
vailleurs, aussi bien que de ceux des propriétaires qui se con-
tentent de retirer de leurs terres des fermages très exigus, parfaitement en rapport, il est vrai, avec le peu de latitude qu'ils
laissent à leurs fermiers, pour apporter des améliorations à leur
culture. Ceux-ci se garderaient bien de cultiver autrement que
ne l'ont fait leurs pères, pour qu'au bout de leurs baux, ordi-
nairement très-courts, le propriétaire leur fasse payer ces améliorations en exigeant d'eux un fermage plus fort ; c'est ainsi
que le propriétaire et le fermier semblent avoir fait un pacte

pour que le pays ne quitte point le déplorable aspect de stérilité que lui trouvent tous ceux qui le jugent sans examiner à fond les causes réelles qui l'entretiennent.

Lorsque des expériences des plus heureuses, lorsque des faits viennent démontrer que la Sologne peut devenir une contrée apte à recevoir une culture très-facile et très-productive, nous avons donc raison de dire qu'il est non seulement impolitique, mais qu'il est contre tous les principes de l'économie sociale de laisser ainsi toute une contrée dans un funeste abandon, nuisible aux intérêts du trésor, nuisible aux droits des propriétaires et des populations industrieuses, non seulement de la contrée, mais aussi du royaume entier; car s'il est de la plus haute importance pour un royaume de fournir par son sol, par ses travaux agronomiques à la subsistance de ses habitants, il n'est pas moins avantageux que chaque province puisse également subvenir à ses besoins, ou tout au moins produire de quoi faire des échanges contre les denrées que son sol lui refuse, afin qu'elle ne soit pas à la charge des contrées ou plus industrieuses, ou plus favorisées. Dira-t-on que, s'il en était ainsi; il n'y aurait point de commerce, point de roulage, point de navigation? Cette objection pourrait bien avoir quelque valeur, s'il ne s'agissait pas, dans la question que nous traitons, seulement des subsistances, de la production des céréales et des bestiaux; mais, lors même que l'objection que nous mentionnons ici aurait une valeur sérieuse, elle la perdrait évidemment devant un fait que nous donnons à juger à la conscience publique, et que voici : Il est constant que la Sologne ne fournit pas, par son agriculture, les céréales nécessaires à la nourriture de ses habitants; il est constant qu'elle ne produit en animaux domestiques que des races depuis long-temps abâtardies, toujours dans un état de maigreur qu'explique très-bien la nourriture insuffisante, mauvaise qu'ils doivent trouver, été comme hiver, dans des landes, dans des bruyères, des ajoncs où le peu d'herbe qui y croît est de la plus mauvaise qualité; il est constant encore, et par toutes les causes que nous avons énumérées, que les revenus des terres sont très-faibles. Nous demanderons donc ce que la Sologne peut offrir en échange pour se procurer ce qui lui manque, ce que ses habitants, dans l'état actuel, qui est la continuation des funestes errements de l'ancien, ne peuvent faire produire à leur sol ; nous demanderons donc ce que cette contrée pourrait, en échange de ce qui lui manque, offrir aux contrées qui le lui fourniraient. Lorsque l'on ne peut présenter à celui qui cède l'équivalent de la chose cédée, il faut ou devoir, et, en fait d'échanges, il faut toujours que la balance s'établisse, ou bien il y a un créancier d'un côté, un débiteur de l'autre ; et quand le débiteur ne peut satisfaire aux exigences du créancier, celui-ci retire son crédit, et donne à ses objets d'échange, à ses produits une autre direction. Alors, la misère, le malaise, la pénurie pour la contrée qui ne peut se suffire à elle-même, ou qui n'a pas de produits, de valeurs à donner en échange contre ceux qui lui manquent ou que lui refuse son territoire. La misère est peu ingénieuse, parce qu'elle abâtardit, parce qu'elle écrase l'intelligence, parce qu'elle tue l'énergie, parce qu'elle ne laisse vivre qu'à moitié ; et l'homme n'est jamais trop vivant, lors même qu'il jouit de toute la plénitude de son existence ; car cette existence ne peut jamais être trop complète pour pouvoir accomplir les grands choses qui lui restent à faire, pour vivre en effet de toute sa vie morale, intellectuelle, et de toute sa vie organique, passionnelle.

Mais ce territoire ne peut-il être assaini ? ne peut-il être fertilisé, rendu très-productif ? ne peut-il offrir à ses habitants un climat des plus salubres, des ressources de toute nature, bien supérieures aux besoins de sa population, de manière même à en pouvoir échanger avec les contrés voisines, lors même que de nombreuses colonies viendraient prêter leur concours à la mise en bonne culture de la Sologne ? Si, en effet, toutes ces questions se résolvaient négativement, il faudrait regarder ce pays comme un territoire frappé de malédiction, et pour lequel il serait d'une habile politique de la part de l'État de ne rien faire. Dans ce cas encore, il serait d'une habile politique de forcer les habitants d'émigrer, de chercher des terres meilleures, et d'y porter leur industrie, leur travail, qui, fructueux, et par cela même stimulant, encourageant, après cette émigration, montreraient que le

Solognot ne serait pas plus privé d'énergie et de bon vouloir que les habitants des autres contrées, s'il trouvait dans un travail productif émulation et encouragement. Mais, bien loin que le territoire de Sologne soit aussi ingrat qu'on le pense communément, nous ne croyons pas trop dire en avançant (et nous pourrons fournir des faits nombreux à l'appui de l'opinion que nous émettons ici) que l'on peut l'amener à une fertilité et à une variété de culture dont ceux qui n'ont pas vu peuvent difficilement se former une idée. Si cela est vrai, et, nous le répétons, de nombreux essais dans diverses localités, des expériences assez étendues le confirment pleinement, dès lors la question se présente sous une toute autre face ; et loin qu'il soit d'une sage politique de ne rien faire pour ce pays, de forcer ses habitants à l'émigration, à utiliser ailleurs leur industrie, leur intelligence et leurs bras, nous dirons qu'il y aurait une coupable, une inhumaine indifférence de la part de nos hommes d'État, s'ils n'avisaient pas aux moyens de régénérer ce sol, de le fertiliser, de l'assainir, de le défricher, de le mettre en valeur, d'y appeler les bras nécessaires à la mise en culture d'une grande étendue de terres vierges que vont chercher, dans les autres parties du monde, des émigrants auxquels on ne dit pas, qui ne savent pas qu'au centre de la France il existe de ces terres qui ne portent pas de traces que la main de l'homme les ait jamais retournées. Non seulement c'est un devoir pour ceux qui gouvernent de protéger les droits acquis, mais ils doivent aussi, pour ne point faillir au mandat qui leur est confié ; les accroître, les étendre, en augmenter la valeur et la portée ; car, veiller aux intérêts de l'agriculture, à l'amélioration du sol, à le rendre productif, c'est accroître la prospérité, la richesse générale, le bien-être de tous ; c'est plus qu'une œuvre matérielle, c'est une œuvre morale et qui tend à moraliser les hommes.

On ne saurait trop répéter que les gouvernements qui ne s'occupent pas avec la plus persévérante sollicitude des intérêts des agriculteurs, de la production des subsistances ; qui n'étendent pas la liberté d'action, la sphère d'activité, de puissance des propriétaires, par des mesures d'utilité publique, générale, pour accroître la fertilité du sol, se préparent des jours bien

difficiles, des embarras bien grands, pour diriger avec quelque
sécurité de conscience la chose publique. Malheureusement nous
avons une année à passer qui ne prouve que trop combien il en
coûte pour ne pas suivre cette maxime politique, si essentielle à
la régulière administration du pays, à la conservation de l'ordre. Nous aimons l'ordre par-dessus tout, parce que la liberté
ne peut exister sans lui ; mais, pour le conserver par des moyens
économiques approuvés par la saine raison, il faut, avant tout
penser à la bonne administration du sol, à sa fertilisation, à assurer la production des subsistances nécessaires à tous les membres de la société ; car, bien que cette administration ait un côté
tout matériel, elle ne laisse pas que d'avoir un côté tout moral,
profondément moral, puisqu'en effet d'elle dépendent le bien-être
général et particulier. Le bien-être des particuliers, des membres de l'État, quand ils savent qu'ils le doivent à la bonne administration du pays, est une bien forte garantie d'ordre. Aussi
un gouvernement ne doit jamais tergiverser pour prendre les
mesures propres à assurer la production abondante des choses
de première nécessité pour la vie, et la France, avec ses ressources, ne devrait jamais rien avoir à craindre pour son alimentation, même pendant les années où les saisons sont le plus
contraires à la bonne réussite de la culture. Elle sera à l'abri de
ces craintes quand elle le voudra.

Il ne nous convient point de sortir de notre spécialité et de
donner des plans de la canalisation générale du pays ; nous
abandonnons ce travail aux hommes spéciaux ; il nous suffit de
poser ici en principe l'utilité de cette canalisation, comme moyen
de transport économique, comme moyen d'assainissement,
comme agent très-actif de la production sous le rapport des irrigations, et enfin comme moyen de remédier en grande partie
à ces épouvantables désastres causés par les inondations, qui
deviennent si fréquentes et si terribles. Nous voyons, dans ce
système général de canalisation, un moyen de dérivation des
eaux des fleuves par des prises d'eau faites à diverses hauteurs
de leur parcours. S'il y a un proverbe qui dit : les petits ruisseaux font les grandes rivières, on pourrait dire aussi que des
canaux, ayant aussi leurs prises d'eau dans celles-ci, en feraient

des ruisseaux ; on pourrait du moins atténuer très-sensiblement ces crues prodigieuses des fleuves et en prévenir les dévastations. On a généralement remarqué que ces crues sont dues au déboisement du sol, et particulièrement des montagnes. Nous sommes bien éloignés de penser que le déboisement n'ait pas une certaine influence sur la rapidité avec laquelle les eaux s'elèvent dans nos grandes rivières ; mais il faut aussi faire la part de bien d'autres causes, qu'il convient de ne pas négliger quand on veut bien raisonner sur les effets. Ne faut-il pas admettre aussi comme bases de ces inondations extraordinaires, les soins que, dans tous les pays de bonne culture, prennent les agriculteurs de faire écouler promptement les eaux des champs cultivés, au moyen de rigoles qui leur livrent un passage rapide ? Que l'on suppose toute la France absolument dénudée de bois, mais en très-faible partie cultivée et nullement assainie, comme la Sologne par exemple, et l'on pourra remarquer que les eaux qui tombent, ne s'écoulant pas, ou ne s'écoulant que difficilement, lentement et en partie, ne donneront plus lieu à ces crues effrayantes. Il y aura des crues, sans doute, mais elles ne s'élèveront pas à une si prodigieuse hauteur ; mais ce qu'elles perdront en hauteur, elles le prendront en durée.

La canalisation doit donc être considérée comme un établissement essentiel à la fertilisation du sol, à la prospérité, au bien-être du pays ; sous tous ces rapports, elle ne peut manquer d'attirer la sérieuse attention des hommes d'État. Un autre point de vue encore doit la recommander à leur examen, et pousser aussi immédiatement que possible à sa réalisation. La canalisation, en effet, doit encore être envisagée comme le seul moyen vraiment efficace de prévenir les dangers croissants des inondations. Dans le tracé des canaux, il conviendrait donc d'opérer de nombreuses dérivations des eaux des fleuves, et de ne les rendre que tardivement à leur réceptacle naturel. Ces eaux mêmes, qui, quand elles sont grandes, portent avec elles de nombreux détritus de végétaux et d'animaux, si favorables à la végétation, pourraient servir à inonder passagèrement et avec mesure les terrains et les prairies que traverseraient ces artères nourricières d'une agriculture bien entendue, bien organisée. Et, pour parler ici de la Sologne, quelle ne serait pas, une fois qu'elle serait bien assainie, l'effet des irrigations faites ainsi sur son sol, au moyen d'eaux que lui apporteraient des canaux qui seraient alimentés par la Loire et par le Cher ? Ce serait y faire déposer, sans frais de transport, un engrais des plus fertilisants, qui serait on ne peut plus avantageux pour les prairies, dont la création serait si facile en Sologne , après les amendements que nous demandons pour elle.

La canalisation, particulièrement en Sologne , est , sous tant de rapports une création de si urgente nécessité, que nous ne craignons pas de dire qu'il est du devoir du gouvernement d'aviser aux moyens de la sillonner de canaux dirigés dans tous les sens. Le premier point de vue qu'ils offrent , c'est l'assainissement, sans lequel il devient très-difficile d'établir une culture toujours assurée et productive. En second lieu, on doit les admettre comme indispensables à la régénération et à la fertilisation de son territoire, sous le rapport des transports de marnes, dont le pays est privé , et dont il a essentiellement besoin pour obtenir aussitôt une complète réussite de ses travaux agricoles. Enfin les canaux sont nécessaires en Sologne, comme dans toutes les autres contrées, pour faire des irrigations qui sont un si puissant moyen de fécondation , de fertilisation pour une infinité de récoltes , et en particulier pour les prairies, qui donneraient plusieurs récoltes abondantes , si , pendant l'été, elles pouvaient de temps à autre être artificiellement inondées. La canalisation est une question d'intérêt général et d'intérêt particulier. Sa solution est si importante sous tous les points de vue sous lesquels elle se présente à l'examen de tous les hommes sérieux, que le gouvernement , protecteur naturel et gardien vigilant des intérêts de tous , ne peut différer de prêter un actif concours à une création aussi utile.

Dans la plupart des contrées de France , la question des canaux n'offre pas cependant un intérêt aussi pressant qu'en Sologne , où il s'agit avant tout d'assainir et d'y transporter des marnes. Des masses incalculables de cet élément de fécondation sont nécessaires pour amener instantanément la culture à donner les plus heureux résultats. C'est toujours ceux dont les besoins 'sont les plus pressants, qu'il convient en bonne justice d'aider, de secourir les premiers, chaque fois surtout qu'une question de morale, d'humanité, se joint à une question de pur intérêt matériel. Et en Sologne, il y a aussi à assurer la santé des habitants. On doit les secourir les premiers et les mettre en position de se suffire à eux-mêmes. Jusqu'à ce que ce point soit atteint, nous ne croyons pas que le gouvernement ait bien rempli les obligations que lui imposent ses devoirs. Nous le répétons, lorsque ces devoirs se rattachent à la plus imposante des questions d'économie sociale et d'humanité, il y aurait coupable négligence à en différer l'exécution. Et où cette exécution des devoirs de toute administration sage, prévoyante, humaine, doit-elle avoir ses premiers effets, si ce n'est en Sologne? Nous avons dit plus haut les raisons qui militent en faveur de cette réclamation. Nous les croyons assez justes pour qu'il ne soit pas permis d'en contester la valeur. Nous devons ajouter que la canalisation en Sologne ne serait pas très-coûteuse, vu la nature du sous-sol qui, composée d'une couche épaisse d'argile, est imperméable à l'eau, et n'exigerait point de travaux d'art, toujours très-couteux pour empêcher la déperdition des eaux.

L'assainissement opéré en Sologne au moyen de canaux ayant pour destination aussi le transport des marnes et les irrigations au besoin, nous ne croyons pas nous être trop avancés en disant que l'on pourrait faire de cette contrée un second jardin de la France. Avant de présenter avec des chiffres les résultats que l'on doit atteindre en Sologne, des mesures gouvernementales dont nous avons parlé, nous allons d'abord établir une estimation des terrains sur lesquels nous voudrions que se portâssent toute l'activité, toute l'industrie des propriétaires et des agriculteurs. Ces terrains sont des landes immenses, dont la majeure partie ne porte aucune trace de culture. Nous ne pensons pas exagérer en établissant ici que la Sologne présente plus de cent mille hectares de ces landes très propres à recevoir une culture et à donner d'abondantes récoltes, lorsque l'on aura rempli les conditions de succès dont nous avons parlé, et dont nous avons encore à entretenir le lecteur.

On peut donc admettre qu'il existe grandement en Sologne

cent mille hectares de ces terrains incultes, couverts de bruyères, d'ajoncs, de fougères, et que l'on peut regarder comme
tout-à-fait vierges. Il ne leur manque pour les rendre propres à
une culture très-productive que de les féconder par le travail,
par la marne et par les engrais, et de les soumettre ensuite à
des assolements rationnels. Alors se présente en première ligne
la question des défrichements de ces vastes déserts, qui servent
de parcours à des troupeaux et à des bestiaux de la plus chétive
apparence, et d'une maigreur que ne peuvent concevoir ceux
qui habitent des contrées que l'industrie humaine a fertilisées.
Avant d'aborder cette question, il nous semble utile, pour servir de point de comparaison, d'établir la valeur commune de
ces terrains incultes, qui depuis si longtemps sont condamnés à
un repos si dommageable aux habitants du pays, nous dirons
même aux intérêts de la France.

Leur valeur ne peut être portée à plus de trois cents francs
l'hectare ; ainsi 100,000 hectares à 300 francs l'un, donnent une
somme de 30,000,000 fr.

Ce serait exagérer le revenu si on l'évaluait à plus de 6 fr.
l'hectare ; nous avons dit que ces landes ne servent que de
parcours aux troupeaux, aux bêtes à cornes et chevaux des
fermes.

Six francs de revenus par hectares donnent en résumé pour
100,000 hectares un total de 600,000 fr. dont il convient de dé-
duire l'impôt.

Pour ce qui concerne les terres cultivées par les fermiers, on
peut admettre qu'ils ne pourraient pas en faire un fermage de
plus de 2 p. 0|0 ; leur mode de culture, le peu d'engrais dont ils
peuvent disposer, leurs bestiaux étant toujours dehors et ne
prenant qu'une nourriture mauvaise, ne leur donnent point de
moyens d'améliorer leur culture et de fertiliser leur sol ; aussi
ces fermiers ne pourraient-ils vivre, même comme ils vivent en
Sologne, si on élevait leur fermage à plus de 5 à 7 francs par
hectares ; la commune est donc six francs ; ainsi, la plupart des
terres cultivées en Sologne, n'ont réellement pas une valeur plus
grande que les terrains incultes. Cela se conçoit quand on pense
au peu de produits que cette culture offre à des fermiers qui,

pour payer leurs fermages aux propriétaires, ne comptent que sur le produit de la vente de leurs élèves soit moutons, vaches, etc.; ils se regardent comme très-heureux et leur position leur paraît très-brillante, quand leur culture leur fournit de quoi faire vivre le personnel de leur maison, et quand ils vendent des seigles de quoi payer les gages des quelques domestiques employés à la culture et à la garde des troupeaux. Les calculs que nous ferons pour établir les dépenses d'urgence à faire pour la fertilisation des landes de la Sologne, seront donc applicables aussi aux terres labourables; seulement il y aura à en défalquer la somme consacrée par hectare au défrichement. Quant aux résultats à obtenir par le marnage, ils seront pour une partie des terres aussi avantageux que ceux que l'on peut espérer de la mise en culture des terrains neufs; nous allons parler des défrichements à faire et des résultats que l'on est en droit d'attendre de la fécondation de ces terrains par la marne, par des engrais abondants, comme dans les pays de bonne culture, par des labours convenablement faits, et par des assolements judicieux; prenons pour base de nos calculs les 100,000 hectares de Landes très-propres aux cultures dont nous avons à parler.

Quels seront les frais à faire pour défrichement ou pour écobuage de ces terrains? Nous parlons de l'écobuage parce qu'il permet d'ensemencer en seigle, et avec un seul labour, sans autre engrais que les cendres que fournit l'incinération des racines, des herbes, des bruyères qui se trouvent enlevées avec une légère couche de terre.

L'opération de l'écobuage donne une assez belle récolte de seigle et des empaillements très-précieux pour faire des engrais. C'est pour ces raisons que nous préférons ce mode de défrichement à tous les autres; il produit immédiatement et est plus économique sous tous les rapports; sans compter qu'il facilite les opérations qui le doivent suivre.

L'écobuage d'un hectare se paie de 115 à 120 fr. l'hectare, soit, pour 100,000 hectares,　　　　　12,000,000 fr.

L'écobuage effectué et la récolte sur écobuage étant faite, quelle dépense restera-t-il à

A reporter. . 12,000,000

Report. . 12,000,000 fr.

faire par hectare pour le marner et le préparer à recevoir les ensemencements subséquents et les assolements convenables?

Il faudra 40 mètres de marne par hectare. Pour des raisons que nous expliquerons plus loin, nous portons le mètre de marne à 6 fr., bien que par le moyen des canaux pour effectuer le transport de cet amendement, ce prix soit peut-être exagéré de moitié. 40 mètres de marne par hectare, à 6 fr. l'un, portent la dépense à faire pour chaque hectare à marner à 240 fr., ou, pour 100,000 hectares, à   24,000,000

Ces deux sommes, affectées aux amendements indispensables de ces 100,000 hectares de terres, leur donnent donc une plus value

égale à   56,000,000
auxquels on doit ajouter le prix d'estimation de chaque hectare, soit   30,000,000
qui donnent à cette étendue de terrain défriché et marné une valeur bien positive, comme on

va le voir plus loin, de   66,000,000

Assolements à suivre après défrichement et marnage :

25,000 hectares froments et seigles. Le produit de chaque hectare peut être porté à 15 hectolitres, qui, à 12 fr. 50 c. l'un, donnent une somme de 187 fr. 50 c. par hectare, ou pour 25,000 hectares, de   4,687,500 fr.

25,000 hectares avoines, orges. On peut admettre le rendement par hectare comme devant être de 20 hectolitres, qui, à 5 fr. l'un, donnent un produit de 100 fr. par hectare ; pour 25,000 hectares, de   2,500,000

5,000 hectares pommes de terre à 100 hectolitres par hectare, à 1 fr. 50 c.

55,000ʰ   A reporter. . 7,187,500

55,000ʰ	Report. .	7,187,500 fr.
	l'un, donnent pour résultat 150 fr. par hectare, soit, pour 5,000 hectares,	750,000
5,000	hectares colza, œillettes, lin, chanvre, etc., dont on ne peut calculer le produit au-dessous de 150 fr. par hectare, ou, pour 5,000 hectares, de	750,000
20,000	hectares prairies artificielles de 1ʳᵉ année, 2 coupes, ne pouvant s'estimer moins de 70 quintaux par hectare, qui, à 1 fr. 50 c. l'un, font une somme de 105 fr. par hectare ; pour 20,000 hectares, de	2,100,000
20,000	hectares prairies artificielles de 2ᵉ année, 1 coupe (1), qui, portée à 50 quintaux par hectare, à 1 fr. 50 c. l'un, donnent par hectare 75 fr., ou, pour 20,000 hectares,	1,500,000
100,000	hectares, ainsi amendés et cultivés, donneront un revenu égal à	12,287,500

Malgré que l'estimation très-basse donnée aux rendements des terres et aux produits des ventes, dont la commune est généralement plus élevée, couvre, suivant nous, les frais de labour et de culture ; malgré aussi que nous ne comprenions pas dans ces revenus la production des bestiaux, leur vente, nous n'en diminuerons pas moins encore, pour nous mettre au-dessous de la vérité, une somme de 5,287,500 fr., pour les affecter à

---

(1) Nous ne comptons pas de 2ᵉ coupe pour les prairies de 2ᵉ année, parce que les terres qui les portent doivent, la 5ᵉ année, être semées en céréales. Une fois la 1ʳᵉ coupe enlevée, il faudra laisser repousser la prairie, et la verser pour semer les blés sur ce labour. Cette coupe enfouie peut être considérée comme une demi-fumure. En ajoutant les engrais ordinaires, on aurait la certitude d'une récolte très-abondante, et d'arriver ainsi à la fécondation parfaite du sol.

couvrir ces mêmes frais et ceux que pourra entraîner le transport des marnes et des engrais. Il reste alors, pour produit net de 100,000 hectares ainsi amendés et [soumis à une culture rationnelle, à des assolements convenables, la somme ronde de   7,000,000 fr. au lieu de 600,000 qu'ils rapportent aujourd'hui ; et encore ce dernier produit est-il très-éventuel, car il suppose qu'il n'y aura point de mortalité des bêtes à laine et des autres bestiaux.

Il résulte de ces chiffres que, pour une avance de 36 millions, on peut obtenir largement un produit net et annuel de 7 millions.

Mous avons énuméré [les raisons qui empêchent les propriétaires d'obtenir ces résultats. Dans l'état actuel des choses, même avec des ressources individuelles pour pouvoir faire les dépenses qu'exigent ces amendements, les propriétaires n'arriveraient pas facilement à se les procurer en quantité suffisante pour agir sur une grande étendue de terrain. Il ne peut donc être fait, en diverses localités, que des essais partiels. Si nous prenions pour base de nos estimations les essais faits sur diverses natures du sol et dans plusieurs localités, nous arriverions à une somme de produits et de revenus bien plus élevée que celle que nous établissons pour 100,000 hectares assainis, marnés, cultivés convenablement et soumis à un assolement raisonné.

On peut estimer la valeur de ces terres, une fois amendées, c'est-à-dire assainies, défrichées et marnées, comme suit :

D'une part, cette valeur se compose de 300 fr., prix commun de chaque hectare, ou, pour 100,000 hectares, 30,000,000 fr.

D'autre part, des dépenses de défrichement, de marne, montant ensemble à 360 fr. par hectare ; pour 100,000 hectares, à   36,000,000
                                                                                 ——————————
                                                                                 66,000,000

Cette valeur composée est donc de 660 fr. par hectare. La dépense de 360 fr. par hectare donnerait ainsi, sur un terrain dont le revenu très-problématique est actuellement de 2 0/0, l'intérêt du capital représenté par la valeur du sol et par les dépenses faites, égal à plus de 10 0/0.

La question ainsi posée est basée sur des essais nombreux et variés, faits assez en grand, et que nous pourrions faire apprécier à ceux qui douteraient de la véracité de nos calculs et de nos appréciations, mérite bien assurément, par son importance et sa haute utilité, qu'on travaille activement et promptement à lui donner une solution.

Mais, nous l'avons dit, le gouvernement, qui doit être le gardien des intérêts généraux et des intérêts particuliers, qui sait aussi combien la direction des affaires et le maintien de l'odre sont coûteux dans un état, quand le pays n'est pas assuré d'avoir de quoi subvenir à ses besoins de première nécessité, ne peut pas, croyons-nous, montrer de la tiédeur pour l'agriculture, pour l'accroissement de la richesse et des ressources du pays, sans être taxé de ne pas savoir mettre en pratique les principes les plus essentiels de l'économie sociale et de l'art de gouverner. Nous aimons aussi à croire qu'il prendra l'initiative des mesures à adopter pour la régénération complète, heureuse de toute une contrée, de la Sologne, qui, dans la circonstance, ne demande pas de sacrifices à l'État, mais seulement son concours, mais seulement son appui.

La canalisation générale de la France est une affaire qui touche de si près aux intérêts les plus chers de la société, qu'elle doit être regardée par nos hommes d'État comme une création indispensable à la prospérité du pays ; et, sous ce rapport, il y aurait lieu de demander que l'État sacrifiât annuellement une somme assez importante pour la commencer et pour la poursuivre ; mais, toutefois, ces travaux, d'une utilité publique si incontestable, devraient être commencés là où, particulièrement, il y a urgence et humanité d'opérer des assainissements et d'assurer la santé publique. Quelle Province réclame plus que la Sologne l'initiative de ces travaux, à l'exécution desquels sont liées la santé et de ses habitants et sa régénération. Mais cette œuvre une fois commencée, doit être ensuite continuée vers les contrées où les irrigations auraient des effets prodigieux sur l'agriculture. Les hommes qui gouvernent devraient commencer à sentir que les anciens errements politiques ne laissent pas, souvent, que de soulever de grands embarras, de nombreuses difficultés pour administrer ; ils ont aujourd'hui même une bien pénible expérience de ces difficultés, qui naissent de la mauvaise administration du sol, de l'abandon déplorable dans lequel on laisse l'agriculture.

Les dépenses que nécessiteraient ces grands travaux, quand même elles tomberaient à la charge de l'État, n'en devraient pas moins être faites ; car de telles dépenses, quand on réfléchit aux résultats que l'on en peut obtenir, en combinant les canaux avec sagacité, pour qu'ils remplissent, sous tous les points de vue, le but qu'on doit se proposer en les établissant, peuvent être regardées par l'état comme une belle spéculation ; elle rapporterait le centuple des dépenses faites ; ceux qui viendraient contester cette vérité donneraient une bien triste idée de leurs connaissances en fait d'économie sociale. Le *laissez-faire* et le *laissez-aller* des économistes poliques est une maxime d'un libéralisme tellement niais que nous ne concevons pas comment, au dix-neuvième siècle, elle trouve encore des prôneurs. Cet axiôme est anti-économique, anti-libéral. Nous voudrions voir des maximes plus grandes, des principes plus féconds planer sur notre horizon politique ; et nous ne pouvons croire qu'une société puisse faire de grandes choses quand elle renferme sa puissance dans les limites étroites de principes aussi contraires au vrai libéralisme, aussi opposés à la vraie science de l'économie publique. Une société, quelle que soit la manière dont elle est représentée, doit avoir une sphère d'action bien plus vaste ; ceux qui la représentent ne doivent jamais dominer les intérêts particuliers, que parce qu'ils se mettent toujours à la hauteur des intérêts généraux ; c'est par là qu'un gouvernement devient en effet la personnification des intérêts de tous les membres du corps social ; c'est par là qu'on arrive à donner à la société le bien-être, l'abondance, l'animation, l'énergie, et aussi cette puissance d'intelligence capable de dominer les événements et de ne pas se laisser prendre au dépourvu par eux. Cette puissance dont l'exercice est confié à ceux qui sont à la tête de la société, doit se révéler par de providentielles créations, qui, en même temps qu'elles répandent la vie, le bien-être, l'émulation, l'amour du bien, de l'ordre, commandent l'admiration, la reconnaissance, l'obéissance moralisatrice, vivifiante, émancipatrice; mais émancipatrice en ce sens qu'elle dirige, on dirait invisiblement, toutes les volontés vers l'ordre dont elle montre qu'elle connaît les principes et qu'elle sait les inculquer au cœur des hommes, tout en conservant la hiérarchie si nécessaire aux développements harmoniques de la vie sociale. Lorsque la puissance humaine se révélera ainsi, toutes les incarnations orientales inventées pour transmettre, a-t-on dit, aux hommes la pensée divine, seront bien pâles, bien près de s'effacer devant cette sublime incarnation de la vérité dans les choses morales et matérielles qui concernent les destinées humaines.

Avouons donc, contrairement aux principes posés par nos économistes politiques, que le concours de tous et de chacun doit être demandé pour donner à la marche de la société une régularité, un ensemble qu'elle n'a point acquis, qu'elle ne peut atteindre, par l'application de leurs maximes désorganisatrices qui tendraient à faire croire que l'État n'a pas intérêt à la prospérité de ses membres, à la direction unitaire de leurs efforts vers la production des éléments de la richesse du pays. Parmi ces créations révélatrices d'une puissance gouvernementale protectrice des intérêts de tous, nous citons la canalisation de la France, en la combinant de telle sorte qu'elle remédie aux dévastations qu'occasionnent les débordements des fleuves et des grandes rivières; car c'est aussi un des grands points de vue qui doivent pousser à l'établir. On ne remédierait pas, à vrai dire, aux dangers des inondations par le reboisement des montagnes; nous avons donné quelques-unes des raisons qui motivent notre opinion. En quelles dépenses que doive entraîner la canalisation, nous dirons encore qu'elle doit être entreprise et poursuivie, car elle ne coûtera jamais ce qu'elle produira et ce qu'elle empêchera de perdre. Si nous voulons mériter la reconnaissance de l'avenir, il faut que nous fassions pour lui des choses dignes de sa reconnaissance; si le passé avait employé son activité, sa vie à de pareils créations, au lieu de la tourner vers des guerres désastreuses, dévastatrices, destructives, nous n'aurions pas à poser aujourd'hui les vrais principes de l'ordre moral et matériel dans les états et à appeler les devoirs que les sociétés actuelles ont à remplir envers le présent et l'avenir.

Quant à la question des défrichements et du marnage des terres de Sologne, elle peut se résoudre de plusieurs manières, conjointement avec la canalisation ayant pour destination première l'assainissement. Toutefois, nous ne présenterons que la manière de la résoudre qui, pour le moment, nous paraît la plus rationnelle.

Les frais de défrichement et de marnage que nous avons établis plus haut sont trop considérables, avons-nous dit, pour que les propriétaires puissent le faire ; car, outre ces dépenses qui ne montent pas à une somme moins élevée que la valeur vénale des terres, il faut encore tenir compte de ceux qui resteront à la charge des propriétaires et des fermiers : nous parlons des frais de transport des marnes sur les champs qui se trouveront toujours à une certaine distance des lieux où seront les dépôts. Nous devons faire remarquer que l'opération du défrichement et du marnage des terres, demande au moins vingt années, quand même on mettrait la plus grande célérité à la confection des canaux. Ceci posé, quel sera le mode de secours à demander à l'État ? Et comment le donnera-t-il efficace, sans qu'il soit une charge pour lui ?

C'est dans la solution de ces deux questions que gît toute la difficulté. Mais, dirons-nous encore, lors même qu'elle ne pourrait être levée qu'aux dépens du trésor public, nous ne persisterions pas moins à dire qu'il devrait s'imposer ce sacrifice qui, en réalité, n'en serait pas un. Mais si ce grand bienfait peut se rendre sans que le trésor ait à s'imposer de charges, nous ne voyons pas quelles seraient les raisons que l'on pourrait alléguer, pour refuser de doter le pays des moyens de rendre l'agriculture florissante non seulement en Sologne, mais encore dans toutes les provinces où elle est abandonnée à l'industrie individuelle. Quelque grande et raisonnée que soit cette industrie, elle n'en demeure pas moins entachée d'un grand vice qui réside dans l'impuissance même de l'individu, lorsque ses efforts ne concordent pas avec ceux des autres, ne sont pas soutenus et protégés par une intelligente et puissante coopération gouvernementale, seule capable de rendre ou plutôt de donner à l'action, à l'industrie individuelle une valeur qu'elle ne peut avoir quand elle reste ainsi isolée. Il y a une intelligence plus grande que n'importe quelle intelligence, c'est l'intelligence de tous. Il y a une action plus effective, plus énergique, plus vaste que n'importe qu'elle action individuelle, c'est l'action de tous. Et si l'intelligence et l'action donne une idée vraie de la puissance, on peut dire encore qu'il y a une puissance plus grande, plus imposante que la puissance de n'importe quel homme, c'est la puissance de tous les hommes. L'action individuelle est toujours trop restreinte : elle est même en quelque sorte problématique, du moins sous le rapport moral, car elle est rarement, on pourrait même dire jamais libre. Elle a donc besoin d'être fortifiée, agrandie, affranchie même, si nous pouvons ainsi dire, par la coopération de tous. Par là seulement la puissance humaine peut se manifester dans toute sa plénitude. C'est alors qu'elle peut compléter, et même multiplier les ressorts de la vie de la société, sauvegarder tous les intérêts, sans se départir cependant de cette hiérarchie organique, réellement morale et cause d'harmonie, et que ne doit point perdre de vue toute puissance réellement éclairée, qui veut en effet conserver à tous ses ressorts toutes leur force de tension, d'action, toute leur énergie, toute leur vie effective.

Nous avons établi plus haut que le défrichement et le marnage des landes en Sologne nécessiteraient une dépense de 360 fr. par hectare. Le prix de ces terres vierges, alors composé de 300 fr., valeur vénale, et de 360 fr, valeur additionnelle, très positive, doit être porté à 660 fr. pour chaque hectare, assaini, défriché et marné. Un hectare ainsi amendé présenterait un revenu net qu'on ne peut évaluer à moins de 70 fr. au lieu de 6 fr. Pour être juste et pour faire à chacun une juste part, pour que nos calculs soient fondés sur un équilibre parfait entre tous les intérêts et tous les intéressés, nous laisserons 35 fr. par hectare, pour rémunération du travail de ceux qui font valoir ces terres, et 35 fr. pour le capital représenté par la propriété et les dépenses qu'elle a nécessitées pour être amenée à ce degré de rapport, de fertilité. Ce chiffre, de 35 fr. à 5 0/0 représente un capital de 700 fr. On ne nous taxera donc pas d'exagération si nous portons la valeur réelle de chaque hectare, ainsi amendé et susceptible d'une culture très-facile et très-productive, à la somme de 700 fr.

Cette base établie, il y aurait, pour ce qui concerne la So-logne en particulier, à obtenir de tous les propriétaires leur adhésion aux mesures à réaliser par l'Etat pour la fertilisation du sol, aujourd'hui à l'état de landes, auxquelles on ne peut attribuer une valeur plus élevée que 300 fr. l'hectare dans leur état actuel, et qui, par les améliorations à y faire, s'élève à 660 fr. nous ne parlons pas des terres qui sont livrées à la culture telle qu'elle se pratique en Sologne. Une partie n'est propre qu'à des semis de bois. L'autre partie, avec le secours de la marne, peut être conservée à la culture. La valeur de celles-ci serait établie contradictoirement entre les agents du gouvernement chargés de cette mission, et les propriétaires qui, nous aimons à le croire, ne demanderaient pas mieux que l'on mît à leur disposition des moyens de fertilisation, sans lesquels la culture en Sologne est, on ne peut plus ingrate. Cette valeur, fixée contradictoirement, serait augmentée du prix de 240 fr. par hectare pour la marne à y déposer pour sa fertilisation. Ainsi, si l'estimation était portée à 400 fr. l'hectare, après que chaque hectare aurait reçu 40 mètres de marne, il aurait une valeur composée égale à 640 fr. Le prix de 500 fr. porterait cette valeur à 740 fr.

L'adhésion des propriétaires aux mesures à prendre et à exécuter pour les enrichir étant obtenue, nous supposons pour une somme de 36,000,000, montant des dépenses à faire pour le défrichement et pour le marnage de 100,000 hectares de terrains incultes; pour une somme de 24,000,000, supposons-nous encore, pour le montant des marnes à déposer sur les 100,000 hectares aujourd'hui en culture, et susceptibles, après cet amendement, de donner d'abondantes récoltes, on arriverait à une somme de dépense à faire égale à 60,000,000.

Ces adhésions ne doivent pas rester sans effet, et nous soutenons que ces dépenses peuvent être faites sans que l'État, qui se chargerait de cette œuvre de haute et intelligente politique, ait rien à dépenser. Nous nous expliquons, et voici en peu de mots la solution que nous voudrions qu'on donnât à ce problême, à moins, toutefois, que l'on puisse en présenter une plus économique et d'une plus heureuse combinaison.

Il s'agit, comme on en peut juger, d'un côté d'une dépense de 60,000,000; d'un autre côté, de donner au sol une valeur bien supérieure à la somme à dépenser et à sa valeur actuelle. Ces deux points établis, la question se simplifie et la solution en découle tout naturellement. Pour couvrir les dépenses à faire pour la régénération complète, pour la régénération morale et matérielle de la Sologne, il devra être créé pour 60,000,000 de francs de billets de 36 et de 24 fr., représentant les sommes à dépenser pour mettre en bonne culture 100,000 hectares de terres vierges, pour amender par la marne 100,000 hectares livrés aujourd'hui à une culture dispendieuse, parce qu'elle est généralement improductive. Chaque billet de 36 , représentant la plus value donnée à 1 hectare de terrain rendu à la culture, portera le nom du propriétaire qui aura adhéré au défrichement de son sol, le nom de la propriété de la commune et du canton où se trouve la propriété. Il en sera de même pour le billet de 24 fr. Les billets ainsi consentis seront déposés entre les mains du ministre des finances; ils porteront intérêt à 5 0/0, qui ne sera payé par le propriétaire qu'après la 3ᵉ année qui suivra le défrichement et le marnage des terrains aujourd'hui incultes, et après la 2ᵉ année qui suivra le marnage des terres cultivées; ils seront remboursables à volonté par les propriétaires. Ces billets jouiront des bénéfices de l'hypothèque privilégiée. Cette mesure n'offre rien qui soit en opposition avec la loi actuelle, quoique, par le fait, la propriété acquerrait une valeur bien plus que double de celle qu'elle a aujourd'hui, surtout si on l'évalue d'après le revenu. Ce dépôt fait, après que cette mesure aurait reçu l'approbation du corps législatif et du roi, il resterait à procéder à sa mise à exécution.

Ces billets de la banque foncière ou agricole, n'importe le nom. portant intérêt à 5 0/0, garantis par l'État et par la propriété, donneraient une facilité extrême de les placer contre espèces aux capitalistes, au fur et à mesure que les améliorations que cette mesure a pour but de rendre possibles, bien et dûment constatées, devront être soldées.

Ces billets de la banque foncière, dont le montant aura été employé en amendements apportés à un nombre plus ou moins considérable d'hectares de terres, seront mis en circulation par le ministère des finances. L'intérêt à 5 0/0 en sera annuellement payé, à partir de leur émission, à ceux qui les présenteront. Le service des intérêts sera fait par l'État, par les mains des receveurs particuliers, des receveurs généraux dans les départements, et à Paris par le ministère des finances. Les mêmes intérêts seront reçus des propriétaires dont les terres auront été amendée, et, après le temps fixé, par les percepteurs des communes où les propriétés sont situées.

Comme l'État, un an après la mise en circulation de partie plus ou moins grande des billets de la banque foncière, devra en payer l'intérêt à 5 0/0 aux détenteurs, et qu'il ne recevra des propriétaires ce même intérêt sur les billets de 36 fr. que trois ans après la remise des fonds aux propriétaires, et deux ans après cette même remise sur les billets de 240 fr., il s'en suivrait que l'État, gardien des intérêts de tous, souffrirait une perte de 3 et 2 ans d'intérêts sur ses avances d'espèces aux propriétaires. Pour mettre à couvert les intérêts de l'État aussi bien que ceux des particuliers, on statuera que le propriétaire, lorsqu'il remboursera à l'État les avances qui lui auront été faites, paiera à celui-ci l'intérêt à 5 0/0 encore pendant 3 ans après remboursement, pour les billets de 360 fr., et pendant 2 ans, également après remboursement, pour les billets de 240 fr.

Ces billets seront à souches et au porteur. Les livres à souche resteront déposés au ministère des finances, où ils seront échangeables contre espèces par les porteurs, comme les billets de la banque de France; ils auront cours également comme espèces, et seront reçus en paiement des impôts par les percepteurs, les receveurs particuliers et généraux ; ils seront reçus à la caisse des dépôts et consignations, et seront affectés particulièrement aux cautionnements que l'État exige de ses fonctionnaires et des entrepreneurs des travaux publics. L'intérêt de ces dépôts et de ces cautionnements n'étant payé qu'à raison de 3 0/0, et les bil-

lets de la banque foncière portant intérêt à 5, il y aurait pour
l'Etat bénéfice de 2 0/0, qui pourrait être employé à rémunérer
les agents de la banque foncière chargés de la surveillance des
travaux et de constater les quantités des terrains ayant reçu
leurs amendements; il pourrait aussi, en partie, être destiné à
établir des conduits d'irrigation, pour lesquels les propriétaires
paieraient une faible rétribution, proportionnée à la quantité
d'eau fournie pour irriguer, et qui serait employée aux travaux
de réparation des canaux.

Cette création, que nous offrons à la méditation des hommes
d'État, des capitalistes, des amis du progrès, de la civilisation et
des intérêts agricoles, mérite la plus sérieuse étude. Comme
création financière, elle est susceptible de se plier aux exigences
excessives que réclame toute institution qui concerne le crédit;
elle offre, suivant nous, toutes les garanties désirables; nous
pourrions même ajouter, sans crainte qu'on soit jamais en droit
de nous contredire, que cette institution présenterait plus de
garanties de solvabilité que la Banque de France, dont nous
sommes bien loin de vouloir suspecter les solides bases. Un système de crédit qui repose sur la propriété, amenée par lui à
quintupler sa valeur et ses produits, est au-dessus de toute critique. Quant aux mesures à prendre pour son application, nous
nous contentons d'indiquer les principales, et laissons aux hommes qui, par spécialité, entendent les choses dans tous leurs
plus petits détails, à ajouter à ce que nous avons dit toutes autres mesures qu'ils jugeraient utiles à la régularisation, à la réglementation de cette institution. Quant à l'incontestabilité de
son utilité, nous ne craignons pas qu'on la révoque en doute. Il
serait, croyons-nous, d'un mauvais citoyen, d'un esprit ennemi
de la prospérité de son pays de contester l'utilité de la mesure
que nous proposons; car ce que nous disons ici de particulier
pour la Sologne est applicable sous bien d'autres faces à la
France entière. Toutefois, nous faisons des vœux pour que l'on
s'intéresse d'abord à l'une des contrées de France qui mérite
d'autant plus cette préférence qu'elle a réellement plus besoin,
et qu'elle est en effet appelée à un plus bel avenir par l'emploi
des mesures que nous sollicitons. Son territoire, comme nous

l'avons déjà dit, présente des ressources que ne peuvent que difficilement apprécier ceux qui vivent sous l'impression de l'idée si désavantageuse qu'on se forme généralement de cette contrée ; mais leurs idées à cet égard se modifieraient comme la nôtre, s'ils se mettaient à même de juger par les faits nombreux, par d'assez larges expériences faites, que ce sol, réputé aride, peut en effet être rendu très-fécond, très-productif, par l'emploi des moyens dont nous demandons la généralisation.

Nous sommes bien loin de penser, que si le pays était convenablement sillonné par des canaux, la marne reviendrait, rendue sur les lieux où son emploi est si important, au prix de 6 fr. le m., comme nous l'avons établi. Notre estimation s'élève certes à plus de 2 fr. par mètre au-dessus du prix de revient probable, si le transport était fait par les canaux. Si nous l'avons porté au taux sur lequel nous avons basé nos calculs des dépenses à faire pour la parfaite fertilisation de 200,000 hectares de terrains, c'est que nous avons pensé que ce prix réduit ne pouvait s'obtenir qu'au moyen de canaux faits dans le triple but de l'assainissement, des transports d'amendements, et des irrigations. Il faut donc les créer : et pour cela faire, il faut des capitaux. Avec une somme de 15 à 16 millions économiquement employés, on pourrait faire la majeure partie, sinon la totalité des canaux nécessaires en Sologne. Ce capital peut se parfaire au moyen de la haute estimation que nous faisons du prix de la marne, portée à 6 fr. le mètre, au lieu de 3 ou 4 fr. En effet nos calculs de dépenses à faire pour marnage de 200,000 hectares, montent à 48 millions de francs. Au prix de revient, même exagéré, de 4 fr. le mètre, cette dépense ne dépasserait pas 32,000,000 fr. les adhésions étant de 240 fr. par hectare, soit de 48,000,000 fr. pour 200,000 hectares, il y aurait un excédent de ressources de 16,000,000 fr., que fournit la différence des dépenses réelles de marnage, avec le montant des adhésions. Cet excédent sera destiné à creuser les canaux, qui seraient alors la propriété commune des adhérents à la banque foncière et agricole. Par le fait de cette construction des canaux par les adhérents, la marne leur reviendrait en effet à 6 fr. le mètre. Pour ce qui concerne les propriétaires et les particuliers qui n'adhéreraient pas à ce mode d'assurance mutuelle sans la garantie de l'Etat, des marnes leur seraient fournies, au prix de 6 fr. 50 c. le mètre. Le produit de ces ventes, faites en dehors de l'association foncière, tournerait à son profit, et pourrait servir tant au service des intérêts des billets de sa banque, qu'à leur amortissement ou remboursement, si le montant de ces ventes particulières excédait l'intérêt à payer.

Pour mettre à exécution cette utile entreprise il serait opportun que l'on s'occupât aussitôt d'obtenir des adhésions des propriétaires pour une somme, la plus forte possible, d'après les bases que nous avons établies. Les adhésions obtenues, il ne s'agirait plus pour l'état que d'établir les réglements, les statuts de la banque foncière, et de mettre successivement en circulation les billets, d'abord pour les travaux de canalisation ; ensuite pour le solde des dépenses faites sur les terres en travaux de défrichements et en conduite des marnes.

Ces adhésions seront, croyons-nous, d'autant plus faciles à obtenir des propriétaires qu'il n'est pas de ferme de 500 hectares ne représentant pas aujourd'hui une valeur plus élevée que 100,000 fr., qui ne puisse atteindre à une valeur quadruple, lorsque les travaux à faire en auront fertilisé le sol ; ainsi une ferme de 500 hectares dont on mettrait les moins bonnes parties en bois et dont deux cents hectares seulement seraient marnés, acquiérerait par ces deux cents hectares, une valeur que, vu les produits et les revenus qu'ils présenteraient, on ne peut évaluer à moins de 200,000 fr.; dans leur état actuel, on ne peut estimer cette même quantité de terres plus de 60,000 fr.

La fondation de la banque foncière et agricole, en même temps qu'elle offrirait aux capitaux une sécurité aussi grande qu'on la peut désirer, serait la source d'une augmentation de richesse dont nous devons nous abstenir d'énoncer entièrement les résultats, parce que, tout en nous renfermant dans les bornes de la plus sévère exactitude, nous semblerions autoriser à penser qu'il y a exagération de notre part, ou que nous nous faisons illusion sur les effets de la mesure que nous soumettons à la sollicitude du gouvernement, et à l'attention, à l'examen des capitalistes. Nous nous adressons particulièrement, pour le moment, à l'État, qui ne doit jamais laisser faire par des particuliers ce qu'il importe à ses propres intérêts et à sa considération de faire, de faciliter du moins par son intervention et son concours. Nous avons donc la confiance que le gouvernement mûrira, étudiera et adoptera une mesure d'un si haut intérêt politique sous le rapport moral comme sous le rapport matériel ; sa prévoyante sollicitude pour les intérêts moraux et matériels de tous, devrait se montrer par l'adoption de mesures propres à multiplier la richesse du pays, à assurer la tranquillité de l'État et le bien-être des particuliers ; en effet, la moralité et l'obéissance aux lois du pays sont bien incertaines et difficiles à obtenir en face des cruelles appréhensions de la faim ; et ces appréhensions qui agitent si violemment les populations peuvent souvent voir leurs causes se renouveler lorsque la propriété et l'agriculture sont abandonnées à leurs propres ressources et nullement protégées par l'intelligente action de l'État, dont l'intérêt est lui-même si fréquemment compromis chaque fois que les intérêts de tous ses membres ne jouissent pas de toute la sécurité et de la protection qu'ils ont droit d'attendre d'une administration réellement éclairée, réellement prévoyante. La puissance n'a d'influence morale et matérielle qu'autant qu'elle est bienfaisante ; car nulle chose ne s'allie mieux et plus intimement à elle que la bienfaisance ; n'est-ce pas bien faire que d'étendre les droits de tous et d'accroître la sphère d'activité de tous les membres de l'État. Par cette sublime mission, noblement, intelligemment remplie, la puissance, en même temps qu'elle se montre éminemment morale, se fait éminemment moralisatrice.

La question que nous avons posée est essentiellement gouvernementale et mérite, sous ce rapport, que le gouvernement lui donne la solution qu'elle exige ; nous attendrons qu'il formule les raisons qu'il croirait pouvoir émettre pour refuser son concours à une œuvre que, jusqu'à preuve contraire, nous regardons comme grande et généreuse, et digne, sous tous les rapports de l'appui et de l'attention d'une administration qui régit un pays comme la France.

Lamotte-Beuvron, ce 10 Juin 1847.

www.ingramcontent.com/pod-product-compliance
Lightning Source LLC
Chambersburg PA
CBHW050519210326
41520CB00012B/2365